普通高等教育"十三五"应用型人才培养规划教材

Premiere Pro CS5.5
影视制作项目实践

主　编　谢小璐　尹敬齐　李　芳
副主编　龚咏枫　岳旭鹏

U0312143

西南交通大学出版社
·成都·

图书在版编目（ＣＩＰ）数据

Premiere Pro CS5.5 影视制作项目实践 / 谢小璐，尹敬齐，李芳主编. —成都：西南交通大学出版社，2017.7

普通高等教育"十三五"应用型人才培养规划教材

ISBN 978-7-5643-5559-3

Ⅰ. ①P… Ⅱ. ①谢… ②尹… ③李… Ⅲ. ①视频编辑软件 – 高等学校 – 教材 Ⅳ. ①TN94

中国版本图书馆 CIP 数据核字（2017）第 159764 号

普通高等教育"十三五"应用型人才培养规划教材

Premiere Pro CS5.5 影视制作项目实践

主编　谢小璐　尹敬齐　李芳

责任编辑	穆　丰
封面设计	墨创文化

出版发行	西南交通大学出版社
	（四川省成都市二环路北一段 111 号
	西南交通大学创新大厦 21 楼）
邮政编码	610031
发行部电话	028-87600564
官网	http://www.xnjdcbs.com
印刷	成都蓉军广告印务有限责任公司

成品尺寸	170 mm × 230 mm
印张	9
字数	162 千
版次	2017 年 7 月第 1 版
印次	2017 年 7 月第 1 次
定价	25.00 元
书号	ISBN 978-7-5643-5559-3

课件咨询电话：028-87600533

/ 前 言 /

Adobe Premiere 是功能强大的、基于 PC 平台的非线性编辑软件，一直以来都被视为影视编辑行业学习视频制作的一个标准，也是国内在教学和实际制作中使用最为广泛的视频编辑软件之一。本书为 Premiere Pro 理论学习与实例制作相结合的学习教程。

在影视制作领域，计算机的应用给传统的影视制作带来了革命性的变化，在越来越多的影视作品中，读者可以明显地感受到影视制作技术与计算机技术的结合。无论是专业影视工作者，还是业余多媒体爱好者，都可以利用 Premiere 制作出精彩的影视作品。掌握了 Premiere 就可以基本解决影视制作中的绝大部分问题，因此每个人都可以利用 Premiere 构建自己的影视制作工作室。为了促进高等职业教育的发展，推进高等职业院校教学改革和创新，配合学校当前开展的数字影像制作与实训课程的改革试点工作，编者将数字影像制作知识和多年的实践经验相结合，编写成了这本书。

Premiere 软件几经升级，日臻完善，本书介绍的是目前的最新版 Premiere Pro CS5.5。和以往的版本相比，它有比较大的改变。性能更加完善，特别是强化了字母制作的功能，实现了对家用 DV 及 HDV 视频的全面支持，以及对 Flash 视频、web 视频和 DVD 的输出支持。Premiere Pro CS5.5 的第三方插件相当多，而且功能强大，这使它的功能也更加完备了。

本书不以传统的章节知识点或软件功能学习为授课主线，而是基于每一个项目的实施工作过程来构建教学过程。以真实的原汁原味的项目为载体，以软件为工具，根据项目的需求学习软件应用，即将软件知识的学习和视频制作流程与规范的学习融入到项目实现中，使学习始终围绕项目的实现展开，提高了软件学习的效率。

具体编写分工为：Premiere Pro CS5.5 简介和基本操作、综合实训 2.1、综合实训 2.2、综合实训 3.1 由重庆电子工程职业学院谢小璐编写；综合实训 3.2 由重庆电子工程职业学院谢小璐和尹敬齐共同编写；综合实训 1.1、综合实训 1.2 由重庆城市管理职业学院李芳、重庆传媒职业学院龚咏枫、重庆传媒职业学院岳旭鹏共同完成编写。全书由谢小璐统稿。

本书在编写过程中，参考了大量的书籍、杂志和网上有关资料，听取了多方面的宝贵意见和建议，得到了领导和同行的大力支持，在此谨表谢意。

由于编者水平有限，书中难免存在疏漏之处，敬请读者批评指正。

编 者

2017 年 6 月

/目 录/

Premiere Pro CS5.5 简介和基本操作

  Adobe Premiere Pro CS5.5 是目前最流行的非线性编辑软件，是数码视频编辑的强大工具，它作为功能强大的多媒体视频、音频编辑软件，应用范围广泛，制作效果精美，能够协助用户更加高效的工作。Adobe Premiere Pro CS5.5 以其新的合理化界面和通用高端工具，兼顾了广大视频用户的不同需求，在一个并不昂贵的视频编辑工具箱中，提供了前所未有的生产能力、控制能力和灵活性。Adobe Premiere Pro CS5.5 是一个创新的非线性视频编辑应用程序，也是一个功能强大的实时视频和音频编辑工具，是视频爱好者们使用最多的视频编辑软件之一。

  该软件对硬件的需求：

  Intel&reg Core™2 Duo 或 AMD Phenom&reg Ⅱ 处理器：需要 64 位支持。

  需要 64 位操作系统：Windows Vista 或者 Windows 7。

  2 GB 内存（推荐 4 GB 或更大内存）。

  10 GB 可用硬盘空间用于安装；安装过程中需要额外的可用空间（无法安装在基于闪存的可移动存储设备上）。

  编辑压缩视频格式需要 7 200 转硬盘驱动器；未压缩视频格式需要 RAID 0。

  1 280×900 屏幕，OpenGL 2.0 兼容图形卡。

  GPU 加速性能需要经 Adobe 认证的 GPU 卡。

  为 SD/HD 工作流程捕获并导出到磁带需要经 Adobe 认证的卡。

  需要 OHCI 兼容型 IEEE 1394 端口进行 DV 和 HDV 捕获、导出到磁带并传输到 DV 设备。

  ASIO 协议或 Microsoft Windows Driver Model 兼容声卡。

  双层 DVD（DVD+-R 刻录机用于刻录 DVD；Blu-ray 刻录机用于创建 Blu-ray Disc 媒体）兼容 DVD-ROM 驱动器。

  需要 QuickTime 7.6.2 软件实现 QuickTime 功能。

一、片段的剪辑与编辑

就像盖房子需要建筑图纸一样，进行影视节目制作，需要先有一个脚本。脚本充分体现了编导者的意图，是整个影视作品的总体规划和最终期望目标，也是编辑制作人员的工作指南。准备脚本是一项不可缺少的前期准备工作，其内容主要包括各片段的编辑顺序、持续时间、转换效果、滤镜和视频布局、相互间的叠加处理等。脚本通常可设计成表格的形式。

在完成了上述的准备工作以后，即可开始影视节目的编辑制作。它包括创建新节目、输入原始片段、剪辑片段、加入特技和字幕、为影片配音、影片生成几个步骤。

1. 创建一个新项目

（1）启动 Premiere Pro CS5.5，打开"欢迎使用 Adobe Premiere Pro"对话框，如图 0-1 所示。

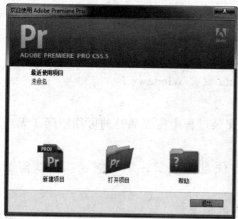 

图 0-1　初始化工程　　　　　图 0-2　新建项目

（2）单击"新建项目"按钮，打开"新建项目"对话框，选择文件存放的位置及名称，如图 0-2 所示，单击"确定"按钮。

（3）打开"新建序列"对话框。选择"DV-PAL"→"标准 48 kHz"，如图 0-3 所示，单击"确定"按钮。

（4）打开编辑窗口，编辑窗口有项目、监视器、时间线、特效控制台、调音台和效果等窗口，编辑窗口如图 0-4 所示。

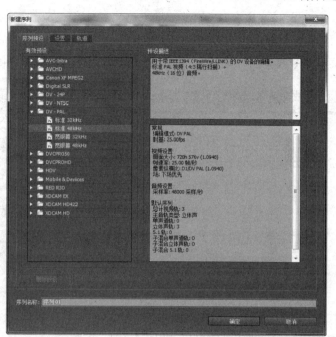

图 0-3　工程设置

图 0-4　编辑窗口

2．输入原始片段

新建立的项目是没有内容的，因此需要向项目目录窗口中输入原始片段（按<B>键可以打开项目目录窗口），如同盖房子需要准备水泥、钢筋等建筑材料一样。具体步骤如下：

（1）用鼠标右键单击素材库的项目窗口，从弹出的快捷菜单中选择"添加文件"菜单命令或按组合键<Ctrl+O>，打开"输入"对话框，如图 0-5 所示。

图 0-5　导入对话框　　　　　　　　图 0-6　项目窗口

（2）打开视频文件夹，选择其中的"练习素材．avi"文件，单击"打开"按钮，该文件即被输入到项目窗口，如图 0-6 所示。

（3）重复上述步骤，分别将文件"友谊地久天长．mp3""澳大利亚之旅.mpg"，依次输入到项目窗口中。

3. 命名片段

将文件输入到项目窗口以后，Premiere Pro CS5.5 自动依照输入文件名作为建立的片段命名。但有时为了使用上的方便，需要给它们另起个名字。特别是对于类似于"澳大利亚之旅.mpg"的情形，起一个有意义的名字就更重要了。

为"澳大利亚之旅"片段更名的步骤如下：

（1）用鼠标左键单击要更名的片段，或右键单击之，从弹出的快捷菜单中选择"重命名"菜单项，片段名变成了一个文本输入框与另一种颜色，如图 0-7 所示。

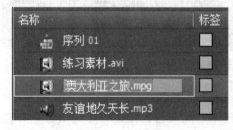
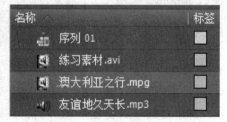

图 0-7　重命名　　　　　　　　　　图 0-8　重命名之后

（2）在文本框中输入"澳大利亚之行"，用鼠标单击项目窗口空白处，完成修改。项目窗口中相应的"澳大利亚之旅"被改为"澳大利亚之行"，如图0-8所示。

（3）用同样的方法，将另一个"友谊地久天长"段更名为"youyidijiutianchang"，如图0-9所示。

（4）在时间线窗口，用鼠标右键单击要更名的片段，从弹出的快捷菜单中选择"重命名"菜单项，打开"重命名素材"对话框，在"名称"文本框内输入要更改的名称，单击"确定"按钮，完成时间线片段的重命名。

图 0-9　音频重命名　　　　　　图 0-10　检查片段内容

4．检查片段内容

片段准备完毕以后，通常要打开并播放它，以便选择其内容。检查片段的方法很多，例如：

方法一，在项目窗口中，双击"练习素材"的片段名或图标，在源监视器窗口显示了"练习素材"的首帧画面，单击视窗下方的"播放"▶按钮，播放"练习素材"的内容，如图0-10所示。

方法二，将鼠标光标移入项目窗口，指向"澳大利亚之行"的图标或名称，按下鼠标左键拖动"澳大利亚之行"的图标至源监视器窗口中，松开鼠标，源监视器窗口中的显示内容被"澳大利亚之行"的首帧画面取代，单击"播放"▶按钮，播放"澳大利亚之行"素材。

5．在监视器窗口中剪辑片段

如果只需要将片段的某部分用于节目，就需要截取部分画面。在实际工作中，这是常常遇到的问题。这个过程称为原始片段的剪辑，它通过设置的入点和出点来实现。片段的剪辑可使用双窗口模式。

改变"练习素材.avi"的入点和出点的步骤如下：

（1）在源监视器窗口单击"播放" ▶ 按钮，播放当前片段，到入点时单击"停止" ■ 按钮，或拖动帧滑块 ▥ ，将片段定位到入点。若欲精确定位，可使用"步退" ◀ 或"步进" ▶ 按钮。

（2）单击"标记入点" ▮ 按钮，或按<I>键，则当前帧成为新的入点，"练习素材．avi"将从帧所在的位置开始引用。滚动条的相应位置上显示入点标志，该帧画面的左上侧同时也显示入点标志，如图0-11所示。

（3）单击"播放" ▶ 按钮，播放当前片段，到出点时单击"停止" ■ 按钮，或拖动帧滑块，将片段定位到出点。若欲精确定位，可使用"步退" ◀ 或"步进" ▶ 按钮。

（4）单击"标记出点" ▮ 按钮，或按<O>键，则当前位置成为新的出点。"练习素材.avi"将仅使用到此帧为止。在滚动条的相应位置上显示出点标志，该帧画面的右上侧同时显示标志，如图0-11所示。

图0-11　确定入点与出点

（5）移动时间线窗口的当前时间指针到要加入片段的位置，单击"覆盖" ▣ 按钮，或者将鼠标的光标移入源监视器窗口，按下鼠标左键拖动所选片段到时间线指定的位置，松开鼠标左键，这样入点和出点之间的画面就加到时间线上了。

（6）在时间线窗口，将当前时间指针移动到需要添加片段的位置；在源监视器窗口中选择要编辑的素材，单击"插入" ▥ 按钮，素材将自动添加到时间线窗口。

（7）一个片段可反复使用，重复上述步骤，用户可以按照编导的意图分别将文件"练习素材.avi"所需要的部分加到时间线上。经过上述处理的片段，在时间线窗口中，仅使用入点和出点之间的画面，在时间线窗口，还可再做调整。

也可将项目窗口中的片段直接拖到时间线上，然后在时间线窗口中再做调整。

6. 在时间线窗口剪辑素材片段

有些影片的素材不需要过多的剪辑时，可将片段拖到时间线上边看边剪掉多余的部分。

（1）在时间线窗口中移动当前播放指针到要删除片段的入点，按<I>键，设置一个入点。

（2）将当前时间指针移动到要删除片段的出点，按<O>键，设置一个出点。

（3）按<Q>键，当前时间指针移动到入点；按<W>键，当前时间指针移动到出点。

（4）按<'>键，则入点到出点之间的片段被删除，后续片段前移，时间线上不留下空隙。

（5）按<；>键，则入点到出点之间的片段被删除，后续片段不前移，时间线上留下空隙。

7. 片段的基本编辑

在时间线窗口中，按照时间线顺序组织起来的多个片段，就是节目。对节目的编辑操作如下：

（1）选择片段：对片段所做的一切编辑操作都是建立在对片段的选择的基础之上的。选择片段的方法如下：

① 单击时间线窗口上的某个片段，即可将该片段选中。

② 在按住<Ctrl>键的同时单击需要选择的片段，可以同时选中各个片段。

③ 按<Shift+A>键，可同时选择所有轨道的片段。

④ 在时间线窗口选择某一轨道上的任一片段，按<Ctrl+A>组合键，可以选中这一轨道上的所有片段。

（2）添加剪切点：素材被添加到时间线后，有可能需要进行分割操作，即添加剪切点。

① 如果需要将某个片段进行分割，选择工具栏中的"剃刀"▣工具，用

鼠标单击要分割的片段,或将当前播放指针放到要分割的片段上,按<Ctrl+K>组合键,可将其一分为二,如图 0-12 所示。

图 0-12 分割片段

② 如果要分割多个轨道的素材片段,选择工具栏中的"剃刀" ✎工具,按住<Shift>键的同时单击要分割片段的位置,或将当前播放指针放到要分割的片段上,按<Shift+Ctrl+k>组合键,可将所有轨道片段一分为二。

(3)片段的删除。

① 用鼠标右键单击需要删除的片段,从弹出的快捷菜单中选择"清除"菜单项,可将所选片段删除,后续的片段不移动,时间线上留下空隙。

② 用鼠标右键单击需要删除的片段,从弹出的快捷菜单中选择"波纹删除"菜单项;可将所选片段删除,后续片段前移,时间线上不留下空隙。

③ 选择需要删除的片段,按下<Delete>键,即可将片段删除,相当于选择"清除"菜单项。

④ 用鼠标右键单击轨道上的间隙,从弹出的快捷菜单中选择"波纹删除"菜单项,可使后续片段前移,时间线上不留下空隙。

(4)调整片段的持续时间。

① 将鼠标光标移向某一片段的右边界,鼠标光标变成 ≈ 状,如图 0-13 所示。按下鼠标左键并左右拖动,片段持续时间随之改变,释放鼠标左键则确认。但不管如何变化,对于非静止图像而言,时间均不能超过其原文件持续时间。时间线窗口的顶部是时间标尺,组接到该窗口的片段,按时间标尺显示相应的长度。

图 0-13 片段持续时间

② 波纹编辑在更改当前素材入点或出点的同时,会据项目素材片段收缩

或扩张的时间，将随后的素材向前或向后推移，导致节目总长度发生变化。

选择"波纹编辑工具"，将鼠标放在素材片段的入点或出点位置，出现波纹入点图标▐◀或波纹出点图标▶▌时，按住鼠标左键，通过拖曳对素材片段的入点或出点进行编辑，随后的素材片段将根据项目编辑的幅度自动移动，以保持相邻，如图 0-14 和图 0-15 所示。

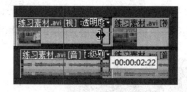

图 0-14　波纹编辑出　　　　　　　图 0-15　波纹编辑入

③滚动编辑对相邻的前一个素材片段的出点和后一个素材片段的入点进行同步移动，其他素材片段的位置和节目总长度保持不变。

单击素材片段之间的编辑点，出现滚动图标▐▌，向左或向右拖曳，可以在移动前一个素材片段出点的同时，对后一个素材片段的入点进行相同幅度的同向移动，如图 0-16 所示。

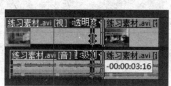

图 0-16　滚动编辑

8．增加/删除轨道

（1）添加轨道。在轨道控制区上单击鼠标右键，从弹出的快捷菜单中选择"添加轨道"菜单项，打开"添加视音轨"对话框，确定增加轨道数和音频轨道类型，单击"确定"按钮。需注意的是，音频轨道只能接纳与轨道类型一致的素材。

（2）删除轨道。选择目标轨道，在轨道控制区上单击鼠标右键，从弹出的快捷菜单中选择"删除轨道"菜单命令，打开"删除轨道"对话框，勾选"删除视频轨"或"删除音频轨"，单击"全部空闲轨道"右边的小三角形按钮，选择要删除的轨道，单击"确定"按钮，完成轨道删除。

9．改变片段的持续时间

（1）选择时间线窗口的某一片段，用鼠标右键单击该片段，从弹出的快捷菜单中选择"速度/持续时间"菜单项，或选择该片段，按快捷键<Alt+R>，打开"素材速度/持续时间"对话框。

（2）在"持续时间"右侧对应的文本框中输入新的持续时间，单击"确定"按钮，确认退出。此时，片段持续时间自动增减。

在 Premiere Pro CS5.5 中，还可以设置静态图像导入时的默认长度，具体操作步骤如下：

（1）执行菜单命令"编辑"→"首选项"→"常规"，打开"首选项"对话框，在"静态图像默认持续时间"文本框中重新输入静态图像的持续时间，如图 0-17 所示。

图 0-17　持续时间设置

（2）单击"确定"按钮，这样以后导入的图像都将会使用这个长度。

10．同步配音

在项目窗口，选择片段"youyidijiutianchang.mp3"，用鼠标将其拖放至时间线窗口中的音频 1 轨道，移动它使其与视频轨道的左边界对齐。将当前时间指针移动到视频结束点，按<Ctrl+K>组合键将其剪断，多余的部分删除，调整它的持续时间与已编好的影像节日同宽。

11．轨道录音

执行菜单命令"编辑"→"首选项"→"音频硬件"，打开"首选项"对话框，单击 ASIO 按钮，打开"音频硬件设置"对话框，单击"输入"选项卡，勾选"麦克风"，如图 0-18 所示，单击"确定"按钮。

选择调音台选项卡，单击调音台音频 2 的"激活录制轨"■按钮，单击下文的"录音"按钮，在时间线窗口中将播放指针放到要录音的位置，再单

击"播放"按钮，如图 0-19 所示，开始录音，录音结束后，单击"停止"按
钮，结束录音。

图 0-18　音频硬件设置

图 0-19　调音台

12．解除视音频链接/编组

在 Premiere Pro CS5.5 中，可以将一个视频剪辑与音频剪辑链接在一起，
这就是所谓的软链接。从摄像机中捕获到的文件，已经链接了视频和音频剪
辑，这就是所谓的硬链接。在影像编辑过程中，经常遇到要独立编辑入点和
出点，这时断开音频和视频链接是非常有用的。

（1）解锁。如果要断开已经链接在一起的音频片段和视频片段，可在时
间线窗口用鼠标右键单击视频片段或音频片段，从弹出的快捷菜单中选择"解
除视音频链接"菜单项，即可将链接断开。

（2）锁定。在时间线窗口中，按住<Shift>键，用鼠标分别单击选中要链
接的音、视频片段，再用鼠标右键单击视频片段或音频片段，从弹出的快捷
菜单中选择"链接视频和音频"菜单项，即可将音视频链接，链接之后的片
段，即可进行同步移动。

（3）设置组。在 Premiere Pro CS5.5 的时间线窗口中，按住<Shift>键，选
择要编组的两段片段。用鼠标右键单击之，从弹出的快捷菜单中选择"编组"
菜单项，即可将音视频编组，编组之后的片段，即可进行同步移动。

（4）解组。在时间线窗口中，用鼠标单击选中要解组的音频或视频片段，
从弹出的快捷菜单中选择"解组"菜单项，即可将音视频解组，解组之后的
片段，即可进行分别移动。

13. 轨道操作设置

（1）时间线窗口的视频轨道栏前部的"切换轨道输出"■按钮，如果将此按钮关闭，则不显示此轨道中的视频素材。

（2）时间线窗口的音频轨道栏前部的"切换轨道输出"◀按钮，如果将此按钮关闭，则不显示此轨道中的音频素材。

（3）单击视频轨道名称左边的三角形按钮▶，展开轨道。在轨道控制区域中单击"设置显示样式"按钮■，在弹出的菜单中可以选择不同的显示方式：在素材片段的始末位置显示入点帧和出点帧的缩略图；仅在素材片段的开始位置显示入点帧缩略图；在素材片段的整个范围内连续显示帧缩略图；仅显示素材名称，如图 0-20 所示。

（4）单击音频轨道名称左边的三角形按钮▶，展开轨道。在轨道控制区域中单击"设置显示样式"按钮■，在弹出的菜单中可以选择显示波形或仅显示素材名称，如图 0-21 所示。

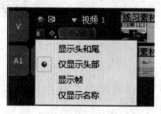

图 0-20　视频风格显示

图 0-21　音频风格显示

（5）单击轨道控制区域中的"显示关键帧"按钮■，在弹出的菜单中选择是否显示关键帧。在时间线窗口可以设置并调节关键帧，如图 0-22 所示。

图 0-22　关键帧显示

（6）单击轨道区域中轨道名称左边的方框，出现锁的图标■，将轨道锁定，轨道上显示斜线，如图 0-23 所示。再次单击锁的图标■，图标与轨道上显示的斜线消失，轨道被解除锁定。

图 0-23　轨道锁定

14．创建静帧

可将片段的入点、出点和标记点设置为静帧。将当前时间指针移动到要创建静帧的位置，执行菜单命令"标记"→"素材标记"→"设置"，在素材上创建一个标记，用鼠标右键单击该素材，从弹出的快捷菜单中选择"帧定格"菜单项，打开"帧定格选项"对话框，单击入点后的小三角形按钮，从弹出的下拉菜单中选择"入点"或"出点"或"标记0"，单击"确定"按钮，即可在节目监视器窗口看到创建的静帧。

15．时间效果

在 Premiere Pro CS5.5 中可以改变片段的播放速度，也就是说将改变片段原来的帧速率、片段的持续时间，并会使一些画面被遗漏或重复。具体操作如下：

改变片段的播放方向和比率。在时间线窗口用鼠标右键单击要改变播放速度的片段，从弹出的快捷菜单中选择"速度/持续时间"菜单项，或按<Ctrl+R>组合键，打开"素材速度/持续时间"对话框，设置"速度"为50，勾选"倒放速度"，如图 0-24 所示，单击"确定"按钮，即可实现慢一倍的速度倒放。

图 0-24　素材速度

图 0-25　素材替换

16．素材替换

Premiere Pro CS5.5 提供了素材替换这样一个功能，提高了编辑的速度。如果时间线上某个素材不合适，需要用另外的素材来替换。

（1）在项目窗口中双击用来替换的素材，使其在源监视器中显示，并给这个素材标记入点（如果不标记入点，则默认将素材的头帧作为入点）。

（2）在时间线上用鼠标右键要替换的素材，从弹出快捷菜单选择"素材替换"→"从监视器"或"从原监视器，匹配帧"菜单项，这样就完成整个替换的工作。替换后的新的素材片段仍然会保持被替换片段的属性和效果设置，如图 0-25 所示。

（3）如果素材丢失需要找回来，可在项目窗口用鼠标右键单击需要找回的素材，从弹出的快捷菜单中选择"替换素材"，打开"替换'…'素材"对话框，找到要替换的素材，单击"选择"按钮后即可替换丢失的素材。

17.序列嵌套

一个项目可以包含多个序列，所有的序列共享相同的时基。将一个序列作为素材片段插入到其他的序列中，这种方式叫作嵌套。无论被嵌套的源序列中含有多少视频和音频轨道，嵌套序列在其母序列中都会以一个单独的素材片段的形式出现，如图 0-26 所示。

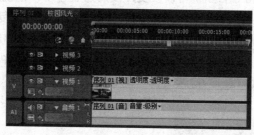

图 0-26　序列嵌套

（1）执行菜单命令"文件"→"新建"→"序列"，或按<Ctrl+N>组合键，打开"新建序列"对话框。

（2）设置所需格式，在"序列名称"中输入序列名称，单击"确定"按钮。

18.使用标记

标记可以起到指示重要的时间点并帮助定位素材片段的作用。可以使用标记定义时间线中的一个重要的动作或声音来进行设置。标记仅仅用于参考，并不改变素材片段本身。

可以向时间线和素材片段添加标记。每个时间线可以单独包含至多 100 个标记。时间线标记在时间线的时间标尺上显示，素材标记显示在素材片段上，如图 0-27 所示。

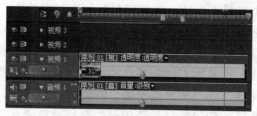

图 0-27　标记

（1）在时间线窗口中，选择要添加标记的片段，将当前时间指针移动到要设置标记的位置，执行菜单命令"标记"→"素材标记"→"设置"/"设置下一有效编号"/"设置其他编号"。可以在此位置为素材添加一个带无序号、有效序号或其他编号的标记。

（2）在时间线窗口中，将当前时间指针移动到要设置标记的位置，执行菜单命令"标记"→"序列标记"→"设置"/"设置下一有效编号"/"设置其他编号"。可以在此位置为时间线添加一个带无序号、有效序号和其他编号的标记。

（3）执行菜单命令"标记"→"素材标记"→"清除当前"/"全部清除"/"清除编号"。可以分别删除当前指针位置的、所有无序号和编号的标记。

19．屏幕与叠加显示

单击监视器窗口"安全框"⊡按钮，可以打开或关闭源监视器和节目监视器窗口的安全区域。

20．视图设置

单击项目窗口下方的列表视图▦、图标视图▣按钮，可以改变素材的显示形式。

21．时间标尺显示

（1）当时间线中的素材过多或需要精确编辑某帧素材时，可以控制时间标尺的放大或缩小显示，从而使自定义显示某一区域素材，如图 0-28 所示。

图 0-28　放大缩小时间标尺

（2）在时间窗口的下方拖动时间标尺滑块▬▬▬，可以将素材的时间标尺进行放大或缩小显示。

（3）单击减小▰或增大▰按钮，可以将时间标尺显示放大或缩小。

22. 编辑多摄像机序列

使用多摄像机监视器可以从多摄像机中编辑素材，以模拟现场摄像机转换。使用这种技术，可以最多同时编辑 4 部摄像机拍摄的内容。

在多摄像机编辑中，可以使用任何形式的素材，包括各种摄像机中录制的素材和静止图片等。可以最多整合 4 个视频轨道和 4 个音频轨道，还可以在每个轨道中添加来自不同磁带的不只一个素材的片段。整合完毕，需要将素材进行同步化，并创建目标时间线。

先将所需素材片段添加到至多 4 个视频轨道和音频轨道上。在尝试进行素材同步化之前，必须为每个摄像机素材标记同步点。可以通过设置相同序号的标记或通过每个素材片段的时间码来为每个素材片段设置同步点。

（1）选中要进行同步的素材片段，执行菜单命令"素材"→"同步"，打开"同步素材"对话框，如图 0-29 所示，在其中选择一种同步的方式。

● 素材开始：以素材片段的入点为基准进行同步。

设置完毕，单击"确定"按钮，则按照设置对素材进行同步。

（2）执行菜单命令"文件"→"新建"→"序列"，打开"新建序列"对话框，默认当前的设置，单击"确定"按钮，新建"序列 02"。

（3）从项目窗口中将"序列 01"拖到"序列 02"的"视频 1"轨道上。

图 0-29　"同步素材"对话框

（4）选择嵌套"序列 02"的素材片段，执行菜单命令"素材"→"多机位"→"启用"，激活多摄像机编辑功能。

（5）执行菜单命令"窗口"→"多机位监视器"，打开"多机位"监视器窗口，如图 0-30 所示。

（6）进行录制之前，可以在多摄像机监视器中单击"播放"按钮▶，进行多摄像机的预览。

（7）单击"记录"按钮●，再单击"播放"按钮▶，开始进行录制。在录制的过程中，通过单击各个摄像机视频缩略图，可以在各个摄像机间进行切换，其对应的快捷键分别为<1>、<2>、<3>、<4>数字键。录制完毕，单击"停止"按钮■，结束录制。

（8）再次播放预览时间线，时间线已经按照录制时的操作，在不同的区域显示不同的摄像机素材片段，以[MCl]、[MC2]的方式标记素材的摄像机来源。

录制完毕，还可以使用一些基本的编辑方式对录制结果进行修改和编辑。

图 0-30 "多机位监视器"窗口

23．保存节目

保存节目，即将我们对各片段所做的有效编辑操作以及现有各片段的指针全部保存在节目文件中，同时还保存了屏幕中各窗口的位置和大小。节目的扩展名为"prproj"，在编辑过程中应定时保存节目。

执行菜单命令"文件"→"保存"，打开"保存"对话框，选择保存节目文件的驱动器及文件夹，并键入文件名，单击"保存"按钮，节目被保存；同时，在时间线窗口的左上角标题中显示了节目的名称。

保存节目时，并未保存节目中所使用到的原始片段，所以片段文件一经使用，在没有生成最终影片之前切勿将其删除。

二、使用转场

如果节目的各片段间均是简单的首尾相接，则一定很单调。在很多娱乐节目和科教节目中，都大量使用了转换，产生了较好的效果。

1．创建转场

（1）在左下方的窗口中，单击效果选项卡，单击"视频切换"左侧三角形扩展标志，打开"视频切换"选项，如图 0-31 所示。

（2）在"视频切换"窗口中，可以看到详细的转场效果分类文件夹，单击"3D运动"文件夹左侧三角形扩展标志即可展开当前文件夹下的一组转场效果，如图 0-32 所示。Premiere Pro CS5.5 提供多达数十种转场效果，按照分类不同，分别放置在不同的文件夹中。

图 0-31　转场　　　　　　　　　图 0-32　3D 运动

（3）默认持续时间的设置：执行菜单命令"编辑"→"首选项"→"常规"，打开"首选项"对话框，在"视频切换默认持续时间"文本框中输入 50 帧，如图 0-33 所示，单击"确定"按钮。

（4）默认过渡的设置：用鼠标右键单击要设置为默认转场的转场，从弹出的快捷菜单中单击"设置所选择为默认过渡"，即可将其设置为默认转场，如图 0-34 所示。

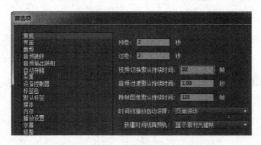

图 0-33　默认持续时间的设置　　　　　图 0-34　设置默认转场

（5）在"卷页"文件夹中，找到"翻页"转场，按住鼠标左键将其拖动到"视频 1"轨道上，并放在两个片段的结合处，释放鼠标左键，它们将自动调节自身的持续时间，以适应设置好的时间，如图 0-35 所示；要想清除转场效果，用鼠标右键单击该"视频 1"轨道的"帘式"转场，从弹出的快捷菜单中单击"清除"即可。

图 0-35　添加转场

（6）双击"视频 1"轨道上的"帘式"转场，在特效控制台窗口，可对翻页的持续时间、对齐方式、翻页方向、开始和结束位置进行调整设置，也可对其他选项卡参数进行设置，如图 0-36 所示。

（7）在特效控制台，单击"持续时间"后的文本框，可输入新的时间，如图 0-37 所示。

图 0-36　特效控制台

图 0-37　输入持续时间

（8）用鼠标拖动"视频"轨道上的"翻页"转场左边缘或右边缘，可以改变转场的长度，如图 0-38 所示。

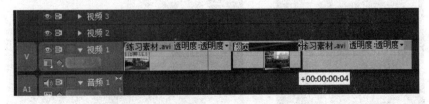

图 0-38　拖动切换位置

（9）从效果窗口拖动一个新的转场到原来转场位置，可替换原来的转场。替换的转场，对齐方式和持续时间保持不变，其他属性自动更新为新转场的默认设定。

2. 选项设置

在效果口中，找到"视频切换"→"擦除"→"径向划变"，按住鼠标左键将其拖动到"视频 1"轨道上，并放在两个片段的结合处，释放鼠标左键。在特效控制台窗口可对其参数进行调整，如图 0-39 所示。

（1）进度设置：设置转场开始和结束的画面。可移动当前时间指针，改变进度的数值。例如"开始"和"结束"的"进度"都可调节为 30%，效果如图 0-40 所示。

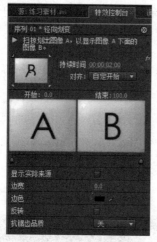

图 0-39　特效控制台窗口　　　　图 0-40　进度设置效果

（2）边宽/边色：在特效控制台窗口设置"边宽"为 1，"边色"为蓝色，如图 0-41 所示，效果如图 0-42 所示。

图 0-41　边框调整　　　　图 0-42　调整后的效果

三、运动动画

视频布局是很多软件中都会提到的一种功能，Premiere Pro CS5.5 这个软件当然也不例外了。它的视频布局可以为片段提供运动设置功能。使用这项功能，任何静止的东西都可以运动起来，要清楚的是片段运动的设置与片段内容的运动无关，它只是一种处理方式。

其具体操作步骤如下：

（1）在时间线窗口中，分别在"视频 1"和"视频 2"轨道上添加一视频片段。选择"视频 2"视轨上的片段"练习素材.avi"，在特效控制台窗口上，展开"运动"属性，就可制作运动的动态效果。

（2）按<Home>键将当前时间指针移到该片段的起点，在参数选项卡中，调节"缩放比例"为30%，"旋转"为30°，单击"位置"左侧的"切换动画"按钮，并设 X 值为-80，如图 0-43 所示，使画面正好移出节目监视器的左边。

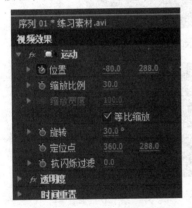

图 0-43　运动的起点

图 0-44　运动的结束点

（3）按<End>键移动当前时间指针到该片段的尾部，再按"←"键向后退一帧，调节"位置"的值为 806，使画面正好移出节目监视器的右边，如图 0-44 所示。

（4）将当前时间指针移动 1/4 的位置，在特效控制台窗口中选择"运动"，在节目监视器窗口中向上拖动图像位置，如图 0-45 所示。将当前时间指针移动 3/4 的位置，在节目监视器窗口中向下拖动图像位置，就可在特效控制台窗口的右图中添加关键帧，如图 0-46 所示。

（5）按<Home>键将当前时间指针移到该片段的起点，在特效控制台窗口中单击"旋转"左边的"切换动画"按钮，按<End>键移动当前时间指针到该片段的尾部，再按"←"键向后退一帧，调节"旋转"的值为-30°，可使画面在运动中旋转，如图 0-47 所示。

图 0-45　运动的 1/4 点

图 0-46　运动的 3/4 点

图 0-47　调节运动轨迹、大小、旋转

（a）

（b）

图 0-48　运动效果

（6）在"运动"属性中，还有"定位点"选项，用于设置片段的中心点位置，可根据项目对脚本做任意调整。

（7）设置完毕，单击"播放"按钮，效果如图 0-48 所示。

四、制作字幕

字幕，是以各种书体、印刷体、浮雕和动画等形式出现在荧屏上的中外文字的总称。如影视片的片名、演职员表、译文、对白、说明及人物介绍、地名和年代。字幕设计与书写是影视片造型艺术之一。

Premiere Pro CS5.5 高质量的字幕功能使用户用起来得心应手。根据对象类型不同，Premiere Pro CS5.5 的字幕创作系统主要由文字和图形两部分构成。制作好的字幕放置在叠加轨道上与其下方素材进行合成。

字幕作为一个独立的文件保存，它不受项目的影响。在一个项目中允许同时打开多个字幕窗口，也可打开先前保存的字幕进行修改。制作和修改好的字幕放置在项目窗内管理。

1. 片头字幕的制作

（1）执行菜单命令"字幕"→"新建字幕"→"默认静态字幕"，打开"新建字幕"对话框，设置"时间基准"为 25，其余参数默认不变，单击"确定"按钮，打开"字幕设计器"窗口，如图 0-49 所示。

图 0-49　静止字幕编辑窗口

（2）在工具栏中选择"文字工具"，单击字幕窗口合适的位置，选择中文输入法，输入"校园风光"四个字，在文本属性中设置"字距"为 45，"字体"为"汉仪综艺体简"，"字号"为 72，分别单击"水平居中"和"垂直居中"按钮，填充"色彩"为红色，单击"外侧描边"为"添加"按钮，描边"色彩"为白色，如图 0-50 所示。

图 0-50　文字效果

（3）单击"关闭"按钮，关闭字幕窗口，字幕已被添加到了时间线中，更改字幕的持续时间（6 s），如图 0-51 所示。

图 0-51　片头字幕的位置

图 0-52　字幕特效位置

图 0-53　添加字幕特效

（4）展开"视频切换"→"擦除"→"擦除"，将其拖到字幕的左侧，双击之，在特效控制台的"持续时间"文本框中输入 2 s，如图 0-52 所示。

（5）展开"视频切换"→"划像"→"划像形状"，将其拖到字幕的右侧，双击之，在特效控制台的"持续时间"文本框中输入 2 s，如图 0-53 所示。

（6）按"空格"键，预览其效果。

2. 片尾滚动字幕的制作

（1）执行菜单命令"字幕"→"新建字幕"→"默认滚动字幕"，在"新建字幕"对话框中输入字幕名称，单击"确定"按钮，打开字幕窗口，自动设置为纵向滚动字幕。

（2）使用文字工具输入演职人员名单，插入赞助商的标志，输入其他相关内容，如图 0-54 所示。

（3）输入完演职人员名单后，按< Enter >键，拖动垂直滑块，将文字上移出屏为止。单击字幕设计窗口合适的位置，输入单位名称及日期，如图 0-55 所示。

图 0-54　输入演职人员名单

图 0-55　输入单位名称及日期

（4）执行菜单命令"字幕"→"滚动/游动选项"或单击字幕窗口上方的"滚动/游动选项"按钮▤，打开"滚动/游动选项"对话框。在对话框中勾选"开始于屏幕外"，使字幕从屏幕外滚动进入。

"后卷"：滚屏停止后，静止多少帧。

设置完毕后单击"确定"按钮即可，如图 0-56 所示。

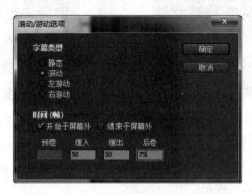

图 0-56　滚动/游动选项

可以在"缓入"和"缓出"中分别设置字幕由静止状态加速到正常速度的帧数，以及字幕由正常速度减速到静止状态的帧数，平滑字幕的运动效果。

（5）关闭字幕设置窗口，拖放到时间线窗口中的相应位置，预览其播放速度，调整其延续时间，完成最终效果。

五、视频特效

视频特效是非线性编辑系统中很重要的一大功能，使用视频特效能够使一个影视片段拥有更加丰富多彩的视觉效果。

Premiere Pro CS5.5 包含数十种视频、音频特殊效果，这些效果命令包含在效果窗口中，将其拖放到时间线的音频或视频素材上，并可以在特效控制台窗口中调整效果参数。

在 Premiere Pro CS5.5 中，可以为任何视频轨道的视频素材使用一个或者多个视频特效，以创建出各式各样的艺术效果。其具体操作步骤如下：

（1）在效果窗口中，单击"视频特效"文件夹，展开特效面板，如图 0-57 所示。

（2）在"视频特效"文件夹下，可以看到还有一个"色彩校正"文件夹，单击"色彩校正"文件夹可展开该文件夹中包含的特效文件，如图 0-58 所示。

图 0-57　视频特效窗口　　　　　图 0-58　色彩校正特效

（3）单击"视频特效"文件夹，通过右侧的滚动条找到"浮雕"特效，按住鼠标左键将其拖动到"视频 1"轨道片段上，释放鼠标左键，如图 0-59 所示，效果如图 0-60 所示。

（4）在特效控制台窗口中调节"浮雕"的"方向"和"凸现"参数，直到效果满意为止，如图 0-61 所示。

图 0-59　将特效拖动到视频轨道中

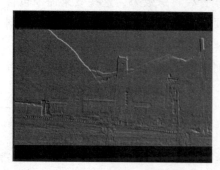

图 0-60　浮雕滤镜效果

图 0-61　"浮雕"对话框

（5）要想删除视频特效，则在特效控制台窗口中选择要删除的特效，按"Delete"按钮，即可删除该视频滤镜。

1. 马赛克效果

在新闻报道中，有时候为了保护被采访者，将被采访者的面貌用马赛克隐藏起来，其操作如下：

（1）用鼠标右键单击桶窗口的空白处，从弹出的快捷菜单中选择"添加文件"菜单项，打开"导入"对话框，选择本书配套教学素材"项目 3\任务 2\素材"文件夹中的"练习素材"，单击"打开"按钮。

（2）将"练习素材"拖到源监视器窗口，标记入点为 33：10，出点为 36：21，将其拖到"视频 1"和"视频 2"轨道上，与起始位置对齐，如图 0-62 所示。

图 0-62　时间线素材排列　　　　图 0-63　马赛克对话框

（3）在效果窗口中选择"视频特效"→"风格化"→"马赛克"，拖到"视频 2"轨道素材上。

（4）在特效控制台窗口中将"马赛克"特效的"水平块"和"垂直块"参数调节为 50，如图 0-63 所示，单击"确定"按钮。

（5）在效果窗口中将"视频特效"→"变换"→"裁剪"特效，拖到"视频 2"轨道素材上，设置"左侧"为 57，"顶部"为 36，"右侧"为 32，"底部"为 44，如图 0-64 所示，效果如图 0-65 所示。

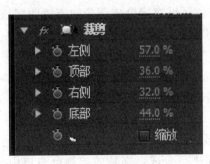

图 0-64　裁剪效果　　　　　　　图 0-65　马赛克效果

2. 圆形效果

创建一个自定义的圆形或圆环，操作步骤如下：

（1）从"练习素材"中选择两段片段 33：10 ~ 36：21 和 00：00 ~ 3：17 分别添加到"视频 2""视频 1"轨道中，在效果窗口中选择"视频特效"→"生成"→"圆"，添加到"视频 2"轨道上。

（2）在特效控制台窗口中展开"圆"参数，单击"混合模式"下拉列表，选择"模板 Alpha"，"居中"设置为（445，262），"半径"设置为 75，"羽化外部边缘"设置为 20，如图 0-66 所示，效果如图 0-67 所示。

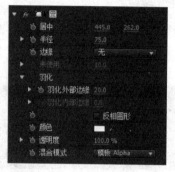

图 0-66 "圆"特效

图 0-67 效果

六、键 控

色键（抠像）在影视节目制作中用来完成特殊画布的叠加与合成。也是电视播出的一种特技切换方式。它能把演播室单色幕布（常用蓝色幕布）前表演的赏镶嵌到另一背景。

轨道遮罩可以使用一个文件作为遮罩，在合成素材上创建透明区域，从而显示部分背景素材，以进行合成。这种遮罩特效需要两个素材片段和一个轨道上的素材片段作为遮罩。遮罩中的白色区域决定合成图像的不透明区域，遮罩中的黑色区域决定合成图像的透明区域，而遮罩中的灰色区域则决定合成图像的半透明过渡区域。

色键是键控的一种形式。使图像中某一部分透明，将所选颜色或亮度从图像中去除，从而使去掉颜色的图像部分透出背景，没有去掉颜色的部分依旧保留原来的图像，以达到合成的目的。

亮度键特效可以抠出素材画面的暗部，而保留比较亮的区域。此抠像特效可以将画面中比较暗的区域除去，从而进行合成。在特效控制台窗口中可以对亮度键抠像属性进行设置，Premiere Pro CS5.5 提供 15 种键控方式，可通过这 15 种方式为素材创建透明效果。

1．轨道遮罩键

（1）导入遮罩素材到项目文件管理器窗口中，将要透明的片段"练习素材"的人物、背景片段和遮罩文件分别拖到时间线窗口的"视频 2"和"视频 1"轨道中，遮罩拖到"视频"轨道上，如图 0-68 所示。

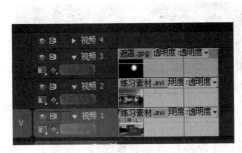

图 0-68　片段所在的位置　　　　图 0-69　抠像效果

（2）选择效果窗口的"视频特效"→"键控"→"轨道遮罩键"，按住鼠标左键不放，将其拖到"视频 2"轨道"练习素材"片段上，松开鼠标左键。

（3）将"视频 3"轨道左边的"眼睛"关闭，在特效控制台窗口设置"遮罩"为视频 3，"合成方式"为"Luma"遮罩，效果如图 0-69 所示。

2．色度键

（1）导入"图像 5"到项目文件管理器窗口中，将"图像 5"和背景片段分别拖到时间线窗口的"视频 2"和"视频 1"轨道中，如图 0-70 所示。"图像 5"如图 0-71 所示。

图 0-70　排列位置　　　　图 0-71　原素材效果

（2）选择效果窗口的"视频特效"→"键控"→"色度键"，按住鼠标左键不放，将其拖到"视频 2"轨道"图像 5"片段上，松开鼠标左键。

（3）选择"视频 2"轨道"图像 5"片段，在特效控制台窗口中选择滴管工具，在"图像 5"的蓝背景处单击一下，设置"相似性"为 20，效果如图 0-72 所示。

图 0-72　抠像效果

图 0-73　导入片段

3. 淡入与淡出

（1）在时间线窗口中导入两个片段，并将其放置在"视频 1"轨道上，如图 0-73 所示。

（2）选择"钢笔工具" ，将鼠标分别放在第一片段黄线上的结束处前 2 s 和结束处出现一个加号并单击，添加 2 个关键帧，如图 0-74 所示，再将结束处的关键帧拖到最底部。

图 0-74　加入关键帧

图 0-75　拖动关键帧

（3）将鼠标分别放在第二片段黄线上的开始处后 2 s 和开始处出现一个加号并单击，添加 2 个关键帧，再将开始处的关键帧拖到最底部，如图 0-75 所示。

七、输出多媒体文件格式

在 Premiere Pro CS5.5 中，不但可以输出 AVI、MOV 等基本的视频格式，还可以输出 WMA、HDV、MPEG、P2、H.264 等多媒体文件格式。

1. 指定输出范围

在 Premiere Pro CS5.5 中，输出范围默认为第一片段的开始点到最后片段的结束点，也可改变其输出范围。

（1）在时间线窗口中，将工作区域的开始点放置到轨道所需指定输出范围的开始位置，完成入点设置。

（2）将工作区域的结束点放置到轨道所需指定输出范围的结束位置，完成结束点设置。

（3）如果需要对所设置的入点或出点再次进行调整，可以通过按住鼠标左键拖曳工作区域开始点或结束点进行调整。

（4）执行菜单命令"文件"→"导出"→"媒体"，或按<Ctrl+M>键，打开"导出设置"对话框，如图 0-76 所示。

图 0-76　导出设置　　　　　　　图 0-77　PAL DV 格式

（5）在"格式"中选择"QuickTime"，"预设"中选择"PAL DV"，如图 0-77 所示。单击"输出名称"后的序列 01.mov，打开"另存为"对话框，设置保存位置及文件名后，如图 0-78 所示，单击"确定"按钮，系统将在所设置的入点与出点间进行指定区域输出操作。

图 0-78　另存为

（6）单击"导出"按钮，开始导出。

2. 输出静止图像序列

Premiere Pro CS5.5 不但可以将节目输出为一个视频文件，而且还可以以帧为单位将节目输出为一个静止的图像序列。

（1）按<Ctrl+M>键，打开"导出设置"对话框，在"预置"中选择"Targa"，单击"输出名称"后的序列 01.tga，打开"另存为"对话框，设置保存位置及文件名后，如图 0-79 所示，单击"确定"按钮。

（2）单击"导出"按钮，即可输出静帧。

3. 输出 H.264 格式

Premiere Pro CS5.5 可以将制作好的剪辑输出为 H.264 格式的流媒体文件，从而便于在网上发布。

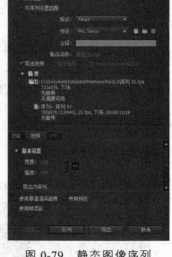

图 0-79　静态图像序列

（1）按<Ctrl+M>键，打开"导出设置"对话框，在"预置"中选择"H.264"，单击"输出名称"后的序列 01.mp4，打开"另存为"对话框，设置保存位置及文件名后，如图 0-80 所示，单击"确定"按钮。

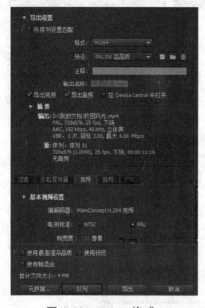

图 0-80　H.264 格式

图 0-81　mpeg 格式

（2）单击"导出"按钮，即可输出 mp4 格式。

4. 导出 MPEG 格式

在 Premiere Pro CS5.5 版本中，提供了直接将项目文件导出并保存为可以直接用于制作 VCD 或者 DVD 格式的 MPEG 电影格式。

（1）按<Ctrl+M>键，打开"导出设置"对话框，在"预置"中选择"mpeg2"，单击"输出名称"后的序列 01.mpg，打开"另存为"对话框，设置保存位置及文件名后，单击"确定"按钮，如图 0-81 所示。

（2）单击"导出"按钮，即可输出 mpg 格式。

5. 导出音频格式

在 Premiere Pro CS5.5 版本中，提供了输出音频格式，包括 WAV、AC35.1 声道、AC3 双声道、AC3 单声道等。

（1）按<Ctrl+M>键，打开"导出设置"对话框，在"预置"中选择"Windows Waveform"，单击"输出名称"后的序列 01.wav，打开"另存为"对话框，设置保存位置及文件名后，单击"确定"按钮。

（2）单击"导出"按钮，即可输出 WAV 格式。

八、视频格式的转换

视频转换工具软件《魔影工厂》，支持常见视频格式文件的相互转化，把视频文件格式转化 GIF 动画；支持的视频文件包括 MPEG1/2/4、VOB、DAT、AVI、RM。能直接把 DVD 影碟转化为 VCD 格式的视频文件，可保存到硬盘上自带播放功能；可以在导入一个视频文件后，进行预览，并且在预览的同时进行转化，并且互不干扰，支持批量转换；可以批量导入相同或者不同格式的视频文件进行转化；能够迅速地完成大批量的转化工作；支持 Intel 最新推出的超线程（Hyper-Thread）技术，可使计算机在 CPU 内部同时执行多个任务而大大加速转化的进程、提高转化的效率；设置功能简单明了而且实用，读者可以很方便地对要转化的目标格式文件进行相关设置，符合读者需求。

《魔影工厂》可在 FLV、MPEG-2、MPEG-4、RM、GIF 等几种格式的影片或动画之间任意进行格式转换。下面以将 MPEG-2 片段转换为 MP4 格式为例，介绍一下转换的过程。

（1）在桌面上双击"魔影工厂"图标，打开"魔影工厂"主界面，如图 0-82 所示。

图 0-82　"魔影工厂"主界面

（2）单击"常见视频文件"→"MP4 文件"按钮，打开"选择一个或多个文件进行转换"对话框，选择要进行格式转换的文件，如图 0-83 所示，单击"打开"按钮。

图 0-83　"选择文件夹"对话框

（3）单击输出路径右边的"浏览"按钮，打开"选择输出路径"对话框，设置好输出文件夹，如图 0-84 所示，单击"选择文件夹"按钮。

图 0-84　选择输出路径

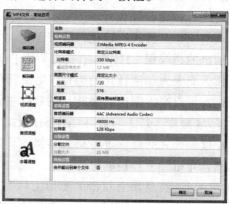

图 0-85　MP4 文件_高级选项

（4）单击"转换模式"右边的"高级"按钮，打开"MP4 文件_高级选项"对话框，对参数进行设置，如图 0-85 所示，单击"确定"按钮。

（5）单击"开始转换"按钮，系统开始进行格式转换工作，下方会显示进度条以及转换的时间，如图 0-86 所示。

图 0-86　正在转换

综合实训 1

🔖 **实训目的**

通过本实训项目使学生能进一步掌握视、音频的编辑以及字幕的制作和影片的输出，并且能在实际项目中制作 MV 影片。

实训 1.1 MV 制作

📘 **实训情景设置**

MV 重在视频的剪辑和镜头的组接，镜头组接的基本原则之一是"动接动""静接静"。为了保证画面的连贯与流畅，也要考虑"动接静""静接动"的方法，配上相应的音乐，制作片头、片尾及歌词字幕，最后效果如图 1-1 所示。

（a）

（b）

（c）

图 1-1 最终效果

🔑 **操作步骤**

1. 导入素材

（1）启动 Premiere Pro CS5.5，打开"新建项目"对话框，在"名称"文本框中输入文件名，设置文件的保存位置，单击"确定"按钮。

（2）打开"新建序列"对话框，在"序列预置"选项卡下选择"有效预置"模式为"DV-PAL"的"标准 48 kHz"选项，在"序列名称"文本框中输入序列名，如图 1-2 所示。

（3）单击"确定"按钮，进入 Premiere Pro CS5.5 的工作界面。

图 1-2 "新建序列"对话框

（4）单击项目窗口下的"新建文件夹"按钮，新建一个文件夹，取名为"字幕"。

（5）按< Ctrl+I >组合键，打开"导入"对话框，选择本书配套教学素材"项目 1\mv\素材"文件夹内的"澳大利亚之旅"和"友谊地久天长"视频及音频素材，如图 1-3 所示。

（6）单击"打开"按钮，将所选的素材导入到项目窗口中，如图 1-4 所示。

图 1-3 "导入"对话框

图 1-4 项目窗口

（7）在项目窗口中双击"澳大利亚之旅"视频素材，将其在源监视器窗口中打开。

2．片头制作

（1）在项目窗口中选择"友谊地久天长"音频素材，按住鼠标左键不放，拖到"音频 1"轨道上。

（2）在源监视器窗口选择入点 8：02：00 及出点 8：06：07，将其拖到时间线的"视频 1"轨道上，与起始位置对齐，如图 1-5 所示。

（3）在源监视器窗口选择入点 9：39：11 及出点 9：44：04，将其拖到时间线的"视频 1"轨道上，与前一片段末尾对齐。

（4）在源监视器窗口中选择入点为 9：55：02，出点为 10：01：02，将其拖到时间线窗口，与前一片段的末尾对齐。

（5）执行菜单命令"字幕"→"新建字幕"→"默认静态字幕"，打开"新建字幕"对话框，在"名称"文本框内输入"标题"，单击"确定"按钮。

（6）在屏幕上单击，输入"友谊地久天长"6 个字。

（7）当前默认为英文字体，单击上方水平工具栏中 经典行... 右边的小三角形，从弹出的快捷菜单中选择"经典粗黑简"，字体大小为 100。

（8）在"字幕样式"中选择"方正金质大黑"样式，如图 1-6 所示。

图 1-5　加入片头

图 1-6　选择样式

（9）关闭字幕设置窗口，在时间线窗口中将当前时间指针定位到 4：07位置。

（10）将"标题"字幕添加到"视频 2"轨道中，使其开始位置与当前时间指针对齐，长度为 6 s。

（11）在效果窗口中选择"视频切换"→"擦除"→"擦除"，添加到"标题"字幕的起始位置，使标题逐步显现。

（12）在效果窗口中选择"视频切换"→"滑动"→"推"，添加到"标题"字幕的结束位置。

（13）在效果窗口中选择"视频切换"→"3D 运动"→"摆入"，添加到片段 1 与片段 2 之间，如图 1-7 所示。

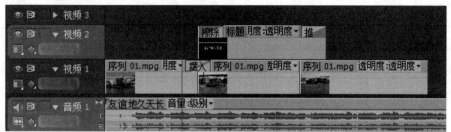

图 1-7　加入特技

3. 正片制作

（1）在源监视器窗口中按照电视画面编辑技巧，依次设置素材的入出点，添加到时间线的"视频 1"轨道中，与前一片段对齐。具体设置视频片段如表 1-1 所示，在"视频 1"轨道的位置如图 1-8 所示。

表 1-1　设置视频片段

视频片段序号	入　点	出　点
片段 1	15：20	21：22
片段 2	57：24	1：02：21
片段 3	1：26：04	1：29：00
片段 4	1：36：16	1：45：24
片段 5	2：01：04	2：05：12
片段 6	2：11：20	2：15：23
片段 7	28：24	37：15
片段 8	7：05：00	7：11：06
片段 9	7：35：19	7：46：23
片段 10	8：36：06	8：42：03
片段 11	8：57：08	9：04：21
片段 12	9：28：23	9：35：08
片段 13	10：24：18	10：30：00
片段 14	8：16：18	8：25：03
片段 15	8：28：09	8：34：07
片段 16	10：31：05	10：35：05

续表

视频片段序号	入　　点	出　　点
片段 17	11：22：10	11：26：20
片段 18	11：38：18	11：45：02
片段 19	12：17：12	12：22：14
片段 20	11：51：04	12：00：18
片段 21	12：03：10	12：09：01
片段 22	12：52：14	12：57：11
片段 23	13：09：16	13：16：17
片段 24	12：44：24	12：47：09
片段 25	12：38：14	12：44：22
片段 26	12：59：16	13：05：06
片段 27	13：27：17	13：33：18
片段 28	13：36：11	13：41：16
片段 29	13：56：22	14：03：11
片段 30	14：10：19	14：16：21
片段 31	15：25：06	15：30：19
片段 32	15：33：07	15：42：02
片段 33	15：48：22	15：54：18
片段 34	15：58：05	16：03：21
片段 35	16：07：16	16：14：02
片段 36	16：24：23	16：30：09

图 1-8　添加多个片段

（2）在效果窗口中选择"视频切换"→"叠化"→"交叉叠化"特技，添加到片头的片段 3 与正片的片段 1 之间。

（3）在效果窗口中选择"视频切换"→"卷页"→"翻页"，添加到片段 2 与片段 3 之间。

（4）在效果窗口中选择"视频切换"→"缩放"→"缩放"，添加到片段 6 与片段 7 之间。

（5）在效果窗口中选择"视频切换"→"3D 运动"→"旋转离开"，添加到片段 7 与片段 8 之间。

（6）在效果窗口中选择"视频切换"→"划像"→"划像交叉"，添加到片段 24 的起始位置。

（7）在效果窗口中选择"视频切换"→"滑动"→"滑动"，添加到片段 29 的起始位置。

（8）在效果窗口中选择"视频切换"→"擦除"→"插入"，添加到片段 29 与片段 30 之间。

（9）在效果窗口中选择"视频切换"→"擦除"→"擦除"，添加到片段 30 与片段 31 之间。

（10）执行菜单命令"文件"→"保存"，保存项目文件，正片的制作完成。

4．歌词字幕的制作

MV 的歌词用 Premiere Pro CS5.5.5 的字幕来制作非常麻烦，工作量也相当大，因此可以使用专业的卡拉 OK 字幕制作工具——Sayatoo 卡拉字幕精灵——来制作字幕。

Sayatoo 卡拉字幕精灵是专业的音乐字幕制作工具，通过它可以很容易地制作出非常专业的高质量的卡拉 OK 音乐字幕特效，还可以对字幕的字体、颜色、布局、走字特效和指示灯模板等许多参数进行设置。它拥有高效智能的歌词录制功能，通过键盘或鼠标就可以十分精确地记录下歌词的时间属性，而且可以在时间线窗口上直接进行修改。其插件支持 Adobe Premiere，Ulead VideoStudio/MediaStudio 等视频编辑软件，可以将制作好的字幕项目文件直接导入使用。此外通过生成虚拟的 32 位带 Alpha 通道的字幕 AVI 视频文件，可以在几乎所有的视频编辑软件（如 Sony Vegas，Conopus Edius 等）中导入使用。输出的字幕使用了反走样技术清晰平滑。

Sayatoo 生成虚拟字幕 AVI 视频无法导入 64 位的 Premiere Pro CS5.5.5 使用，这就需要安装一个 Proxy Codec 64 搭桥软件，使 64 位程序可以调用 32 位的编码器。

1）安装 SayatooINSTALL

（1）运行 SayatooINSTALL 进行安装，安装成功，自动注册。

（2）安装后，会弹出 Proxy Codec64 Config 窗口，然后关闭。用鼠标右键单击桌面上的"Sayatoo 卡拉字幕精灵"图标，从弹出的快捷菜单中选择"属性"菜单项，打开"Sayatoo 卡拉字幕精灵属性"对话框，选择"兼容性"选项卡，勾选"以兼容模式运行这个程序"复选框，单击下面的小三角形按钮，从弹出的下拉列表中选择"Windows XP（Service Pack3）"，如图 1-9 所示，单击"确定"按钮。

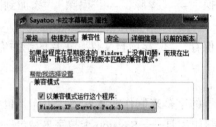

图 1-9　兼容性　　　　　　　　图 1-10　32 位编码器安装

2）Proxy Codec 64 编码器代理选项设置

（1）在桌面上双击 Proxy Codec64_C 图标，打开 Proxy Codec64 Config 窗口，此时已是中文版本了。

（2）执行菜单命令"安装 32 编码器"，打开"32 位编码器安装"对话框，在"四个码器字符"代码栏中任意输入 4 个字符，如 yalo，如图 1-10 所示。

（3）打开"Sayatoo 卡拉字幕精灵"安装目录：C:\Program Files（x86）\Sayatoo Soft\Sayatoo KaraTitleMaker，将 Driver 文件夹内的 kavcodec.dll 文件拖拽至"DLL 完整路径"栏内，建立 kavcodec.dll 文件完整路径链接，如图 1-11 所示。

图 1-11　拖拽 kavcodec.dll 文件

（4）单击"安装"按钮，在"32 位编码器列表"栏中会出现"yalo-KaraTitleAvi"，选择它，如图 1-12 所示，单击"配置"→"关闭"按钮。打开 Proxycodec64 对话框，请重新启动应用程序，单击"确定"→"确定"按钮，关闭"ProxCodec64 Config"对话框。

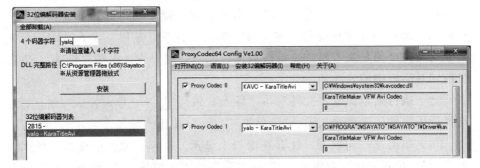

图 1-12　32 位编码器列表　　　　图 1-13　ProxCodec64 Config

（5）在桌面上双击 Proxy Codec64_C 图标，重新启动"ProxyCodec64 Config"程序，在 Proxy Codec 1 的下拉列表中多了一项：yalo-KaraTitleAvi，这就是要代理的 Sayatoo 的虚拟 AVI 解码器，选择它，并勾选 Proxy Codec 1 复选框，如图 1-13 所示，单击"确定"按钮，设置完毕。

3）唱词的制作

将唱词输入到记事本中，并对其进行编排，如图 1-14 所示。编排完毕，保存退出。

图 1-14　记事本

（1）在桌面上双击"Sayatoo卡拉字幕精灵"图标，启动KaraTitleMaker字幕设计窗口。

（2）打开"KaraTitleMaker"对话框，执行菜单命令"文件"→"导入歌词"，或点击时间线窗口左边的 T 按钮，或在歌词列表窗口内空白处点击右键鼠标，从弹出的快捷菜单中选择"导入歌词"菜单项，打开"导入歌词"对话框，选择刚才保存的记事本文件，单击"打开"按钮，导入歌词。导入的歌词文件必须是文本格式，每行歌词以回车结束。或者选择"新建"，直接在歌词对话框中输入歌词。

（3）执行菜单命令"文件"→"导入音乐"，打开"导入音乐"对话框，选择音乐文件"友谊地久天长"，单击"打开"按钮，导入音乐。

（4）单击第一句歌词，让其在窗口上显示。在字幕属性中设置"排列"为双行，"对齐方式"为居中，"字体名称"为方正黑体简，"填充颜色"为白色，"描边颜色"为蓝色，"描边宽度"为6。

（5）在模板特效中将"走字特效"的"覆盖填充颜色"为红色，"覆盖描边颜色"为白色，"覆盖描边宽度"为8，将"指示样式"设置为三盏顺序，如图1-15所示。

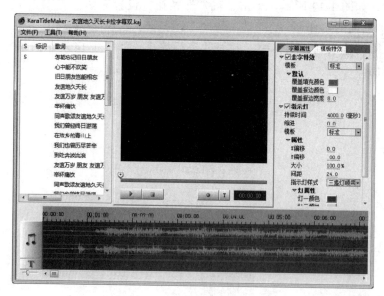

图1-15 KaraTitleMaker

（6）点击控制台上的"录制歌词" ● 按钮，打开"歌词录制设置"对话框，如图1-16所示，可以对录制的一些参数进行调整。

图 1-16　歌词录制设置

（7）单击"开始录制"按钮，开始录制歌词。可以使用键盘或者鼠标来记录歌词的时间信息。显示器窗口上显示的是当前正在录制的歌词的状态。

使用键盘：当歌曲演唱到当前歌词时，按下键盘上任意键记录下该歌词的开始时间；当该歌词演唱结束后，松开按键记录下歌词的结束时间。按下到松开按键之间的时间间隔为歌词的持续时间。

使用鼠标：录制过程也可以通过用鼠标点击控制台上的"记录时间" Ｔ 按钮来记录歌词时间。按下按钮记录下歌词的开始时间，弹起按钮记录下歌词的结束时间。按下到弹起按钮之间的时间间隔为歌词的持续时间。

如果需要对某一行歌词重新进行录制，首先将时间线上指针移动到该行歌词开始演唱前的位置，然后在歌词列表中点击选择需要重新录制的歌词行，再点击控制台上的"歌词录制"→"开始录制"按钮对该行歌词进行录制。

（8）歌词录制完成后，在时间线窗口上会显示出所有录制歌词的时间位置。可以直接用鼠标修改歌词的开始时间和结束时间，或者移动歌词的位置，如图 1-17 所示。

图 1-17　移动歌词位置

（9）执行菜单命令"文件"→"保存项目"，打开"保存项目"对话框，在"文件名称"文本框内输入名称，单击"保存"按钮。

（10）执行菜单命令"工具"→"生成虚拟字幕 AVI 视频"，打开"生成虚拟字幕 AVI 视频"对话框，单击"输入字幕项目 kaj 文件"右边的"浏览"按钮，打开"打开"对话框，选择刚才保存的文件，单击"打开"按钮，"图像大小"为 720×576，如图 1-18 所示。

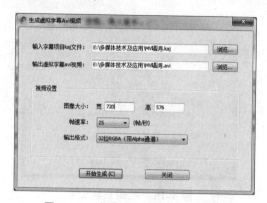

图 1-18 生成虚拟字幕 AVI 视频

（11）单击"开始生成"按钮，生成虚拟字幕 AVI 视频后，打开"vavigen"对话框，虚拟 AVI 视频生成完成，单击"确定"→"关闭"按钮。

（12）回到"KaraTitleMaker"窗口，单击"关闭"按钮，完成字幕的制作。

（13）回到 Premiere Pro CS5.5，导入唱词到项目窗口，再将唱词拖到"视频 3"轨道，与起始位置对齐，如图 1-19 所示。

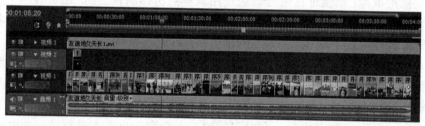

图 1-19 唱词的位置

5．片尾制作

（1）执行菜单命令"字幕"→"新建字幕"→"默认滚动字幕"，在"新建字幕"对话框中输入字幕名称，单击"确定"按钮，打开字幕窗口，自动设置为纵向滚动字幕。

（2）使用文字工具输入演职人员名单，插入赞助商的标志，输入其他相关内容，"字体"选择"经典粗黑简"，字号为 40。

（3）在"字幕样式"中，选择"方正金质大黑"，如图 1-20 所示。

（4）输入完演职人员名单后，按< Enter >键，拖动垂直滑块，将文字上移出屏为止。单击字幕设计窗口合适的位置，输入单位名称及日期，字号为 50，其余同上，如图 1-20 所示。

（5）单击字幕窗口上方的"滚动/游动选项"按钮█，打开"滚动/游动选项"对话框，在对话框中勾选"开始于屏幕外"，使字幕从屏幕外滚动进入。

设置完毕后，单击"确定"按钮即可，如图 1-21 所示。

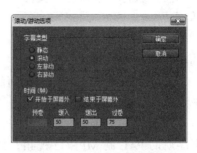

图 1-20　输入单位名称及日期　　　　图 1-21　滚动字幕设置

（6）关闭字幕设置窗口，将当前时间指针定位到 3：48：01 位置，拖放"片尾"到时间线窗口"视频 2"轨道上的相应位置，使其开始位置与当前时间指针对齐，持续时间设置为 9：08，如图 1-22 所示。

图 1-22　片尾的位置

（7）在工具箱中选择"钢笔工具"，鼠标在"视频 2"轨道视频的黄线上出现加号，在 3：56：02 和 3：57：05 的位置上单击，加入 2 个关键帧。

（8）拖终点的关键帧到最低点位置上，这样字幕就出现了淡出的效果。

（9）在"视频 1"轨道的 3：55：02 和 3：57：05 位置上单击，加入 2 两个关键帧。

（10）拖终点的关键帧到最低点位置上，如图 1-23 所示，这样素材就出现了淡出的效果。

图 1-23　淡出效果的设置

6. 输出 mpg2 文件

（1）执行菜单命令"文件"→"导出"→"媒体"，打开"导出设置"对话框。

（2）在右侧的"导出设置"中单击"格式"下拉列表框，选择 MPEG2 选项。

（3）单击"输出名称"后面的链接，打开"另存为"对话框，在对话框中设置保存的名称和位置，单击"保存"按钮。

（4）单击"预设"下拉列表框，选择"PAL DV 高品质"选项，准备输出高品质的 PAL 制 MPEG2 视频，如图 1-24 所示；单击"导出"按钮，开始输出，如图 1-25 所示。

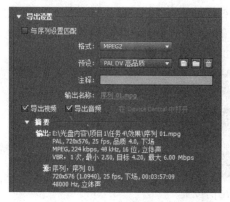

图 1-24　输出设置

图 1-25　渲染影片

实训 1.2　制作卡拉 OK 影碟

实训情景设置

制作卡拉 OK 影碟和制作普通影碟没有什么区别，但卡拉 OK 的字幕需要变色，也就是要随着歌曲的推进，一个字一个字地变色，以引导演唱者演唱。这样的字幕可以使用专业的卡拉 OK 字幕制作工具——Sayatoo——来制作字幕。

操作步骤

1. 歌词字幕的制作

将歌词输入到记事本中，并对其进行编排，编排完毕，保存退出，如图 1-26 左侧窗口所示。

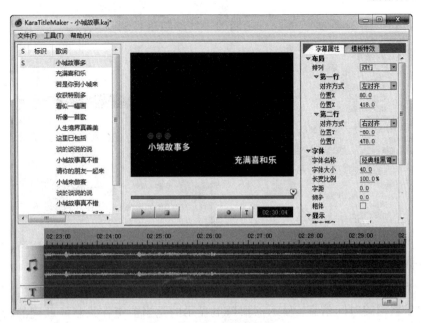

图 1-26　KaraTitleMaker

（1）在桌面上双击"Sayatoo 卡拉字幕精灵"图标，启动 KaraTitleMaker 字幕设计窗口。

（2）打开"KaraTitleMaker"对话框，执行菜单命令"文件"→"导入歌词"，或点击时间线窗口左边的 T 按钮，或在歌词列表窗口内空白处点击右键鼠标，从弹出的快捷菜单中选择"导入歌词"菜单项，打开"导入歌词"对话框，选择刚才保存的记事本文件，单击"打开"按钮，导入歌词。导入的歌词文件必须是文本格式，每行歌词以回车结束。或者选择"新建"，直接在歌词对话框中输入歌词。

（3）执行菜单命令"文件"→"导入音乐"，打开"导入音乐"对话框，选择音乐文件"小城故事"，单击"打开"按钮，导入音乐。

（4）在字幕属性中设置"排列"为双行，第一行"对齐方式"为左对齐、"位置 X"为 80，第二行"对齐方式"为右对齐、"位置 X"为-80，"字体名称"为经典粗黑简，"字体大小"为 40，"填充颜色"为白色，"描边颜色"为蓝色，"描边宽度"为 6，如图 1-26 所示。

（5）在模板特效中设置"走字特效"的"覆盖填充颜色"为红色（R255，G60，B0），"覆盖描边颜色"为白色，"覆盖描边宽度"为 8，将"指示样式"设置为三盏顺序，如图 1-27 所示。

（6）点击控制台上的"录制歌词" 按钮，打开"歌词录制设置"对话框,如图 1-28 所示,可以对录制的一些参数进行调整。

图 1-27　模板特效

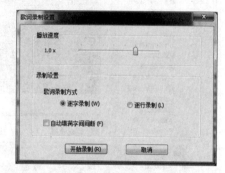

图 1-28　歌词录制设置

(7)单击"开始录制"按钮,开始录制歌词。也可以使用键盘或者鼠标来记录歌词的时间信息。显示器窗口上显示的是当前正在录制的歌词的状态。

(8)歌词录制完成后,在时间线窗口上会显示出所有录制歌词的时间位置。还可以直接用鼠标修改歌词的开始时间和结束时间,或者移动歌词的位置,如图 1-29 所示。

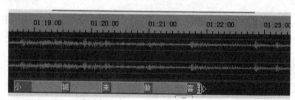

图 1-29　移动歌词位置

(9)执行菜单命令"文件"→"保存项目",打开"保存项目"对话框,在"文件名称"文本框内输入名称,单击"保存"按钮。

(10)执行菜单命令"工具"→"生成虚拟字幕 AVI 视频",打开"生成虚拟字幕 AVI 视频"对话框,单击"输入字幕项目 kaj 文件"右边的"浏览"按钮,打开"打开"对话框,选择刚才保存的文件,单击"确定"按钮,"图像大小"为 720×576,如图 1-30 所示。

(11)单击"开始生成"按钮,生成虚拟字幕 AVI 视频后,打开"vavigen"对话框,虚拟 AVI 视频生成完成,单击"确定"→"关闭"按钮。

(12)回到"KaraTitleMaker"窗口,单击"关闭"按钮,完成字幕的制作。

(13)在 Premiere Pro CS5.5.5 中,按<Ctrl+I>组合键,打开"导入文件"

对话框，选择"小城故事.avi""小城故事.mp3"和"磁器口素材"文件，单击"确定"按钮。

（14）将"小城故事.avi"和"小城故事.mp3"文件从项目窗口中拖动到"视频 2"和"音频 1"轨道上，与开始点对齐，如图 1-31 所示。

图 1-30　生成虚拟字幕 AVI 视频

图 1-31　添加字幕

（15）执行菜单命令"文件"→"保存"，保存项目文件，正片的制作完成。

2. 编辑视频

（1）在源监视器窗口中按照电视画面编辑技巧，依次设置素材的入出点，添加到时间线的"视频 1"轨道中，与起始位置对齐。具体设置视频片段如表 0-2 所示，在"视频 1"轨道的位置如图 1-32 所示。

表 1-2　设置视频片段

视频片段序号	入　　点	出　　点
片 段 1	22：20	35：07
片 段 2	1：00：22	1：06：23
片 段 3	7：37：00	7：42：24
片 段 4	1：54：10	2：00：13
片 段 5	8：33：21	8：40：02
片 段 6	9：46：10	9：52：14
片 段 7	3：27：12	3：33：09
片 段 8	11：23：14	11：29：16
片 段 9	18：25：13	18：31：15
片 段 10	14：58：04	15：00：22
片 段 11	15：42：18	15：45：14
片 段 12	15：03：05	15：15：05

续表

视频片段序号	入 点	出 点
片段 13	17：57：12	18：03：04
片段 14	8：45：05	8：51：09
片段 15	18：57：19	19：03：15
片段 16	6：09：09	6：15：15
片段 17	19：36：09	19：42：08
片段 18	20：07：04	20：10：13
片段 19	21：10：05	21：13：06
片段 20	21：51：00	21：56：21
片段 21	22：18：14	22：24：14
片段 22	22：47：21	22：53：10
片段 23	09：24：08	9：29：19
片段 24	12：28：22	12：34：24
片段 25	24：50：13	24：55：20

（2）单击"视频1"轨道左边的"折叠/展开轨道"按钮▶，展开"视频1"轨道，在工具箱中选择"钢笔工具"，在2：28：11和2：30：00的位置上单击，加入2个关键帧。拖终点的关键帧到最低点位置上，如图1-32所示，这样素材就出现了淡出的效果。

图 1-32　添加多个片段

3. 片头及单位标识的制作

（1）执行菜单命令"字幕"→"新建字幕"→"默认静态字幕"，打开"新建字幕"对话框，在"名称"文本框内输入"小城故事"，单击"确定"按钮。

（2）在字幕窗口上单击，输入"小城故事 作词 庄奴 作曲 汤尼 原唱 邓丽君"等文字。

（3）当前默认为英文字体，选择"小城故事"，单击上方水平工具栏中的 经典行... ▼右边的小三角形，从弹出的快捷菜单中选择"经典粗黑简"，字体大小为 80。

（4）在字幕属性窗口中，单击"色彩"右边的色彩块，打开"彩色拾取"对话框，将"色彩"设置为 D64C4C，单击"确定"按钮。

（5）单击"描边"→"外侧边"→"添加"按钮，添加外侧边，将"大小"设置为 20。

（6）选择"作词 庄奴 作曲 汤尼 原唱 邓丽君"，单击上方水平工具栏中的 经典行... ▼ 右边的小三角形，从弹出的快捷菜单中选择 STKaiTi，字体大小为 40，如图 1-33 所示。

（7）单击"基于当前字幕新建字幕"按钮，打开"新建字幕"对话框，在"名称"文本框内输入"重电影视"，单击"确定"按钮。

（8）删除"小城故事 作词 庄奴 作曲 汤尼 原唱 邓丽君"字幕，输入"重电影视"，选择"圆矩形工具"，绘制一个图形，如图 1-34 所示。

图 1-33　片头字幕　　　　图 1-34　制作单位标识

（9）关闭字幕设置窗口，在时间线窗口中将当前时间指针定位到 0：24 位置。

（10）将"小城故事"字幕添加到"视频 3"轨道中，使其开始位置与当前时间指针对齐，长度为 7：06 s。

（11）在效果窗口中选择"视频切换"→"划像"→"菱形"，添加到"小城故事"字幕的起始位置，使标题逐步显现，将特技长度调整为 2 s。

（12）在效果窗口中选择"视频切换"→"3D 运动"→"翻转"，添加到"小城故事"字幕的结束位置。

（13）在时间线窗口中将当前时间指针定位到 1：31：01 位置。

（14）将"重电影视"字幕添加到"视频 3"轨道中，使其开始位置与当前时间指针对齐，长度为 6 s。

（15）在效果窗口中选择"视频切换"→"擦除"→"棋盘划变"，添加到"重电影视"字幕的起始位置，使标题逐步显现，如图 1-35 所示。

（16）在效果窗口中选择"视频切换"→"划像"→"划像形状"，添加到"重电影视"字幕的结束位置，如图 1-36 所示。

图 1-35 标识中间位置

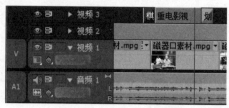

图 1-36 标识结束位置

（17）在时间线窗口中将当前时间指针定位到 2：22：02 位置。

（18）将"重电影视"字幕添加到"视频 3"轨道中，使其开始位置与当前时间指针对齐，长度为 7 s。

（19）在效果窗口中选择"视频切换"→"划像"→"星形划像"，添加到"重电影视"字幕的起始位置，使标题逐步显现。

（20）在效果窗口中选择"视频切换"→"叠化"→"交叉叠化"，添加到"重电影视"字幕的结束位置。素材在时间线上的排列如图 1-37 所示。

图 1-37 素材在时间线上的排列

（21）在节目监视器窗口中单击"播放"按钮进行预览，如果满意就可以将文件输出了。输出时可使用 Adobe Media Encoder 将文件编码为 MPEG2 文件，这样，一个包含有变色字幕、翻唱歌曲音轨的 MPEG 文件就制作出来了。它可以很方便地刻录成 DVD。

综合实训 2

🔧 实训目的

通过本实训项目使学生能进一步掌握特技的使用，能在实际项目中运用特技效果制作电子相册。

实训 2.1　丽江古城

🔖 实训情景设置

用在丽江古城拍摄的照片制作一个电视风光片，该项目的要点是新建项目、导入素材、安装插件、片头制作、录音、添加复述性文字、添加音乐、编排素材、制作图像运动效果、添加特技特效、制作片尾字幕及输出影片。

阅读材料：丽江瑞云缭绕、祥气笼罩，鸟儿在蓝天、白云间鸣啭，牛、羊在绿草红花中徜徉，人们在古桥流水边悠闲，阳光照耀着生命的年轮，雪山涧溪洗涤着灵魂的尘埃。在那里，只有聆听，只有感悟，只有凝视人与自然那种相处的和谐，那种柔情的倾诉，那种深深的依恋，把这些统统加在一起，这就是丽江。

🔑 操作步骤

1．新建项目并导入素材

（1）启动 Premiere Pro CS5.5，打开"新建项目"对话框，在"名称"文本框中输入文件名，设置文件的保存位置，单击"确定"按钮。

（2）打开"新建序列"对话框，在"序列预置"选项卡下选择"有效预置"为"DV-PAL"的"标准 48 kHz"选项，在"序列名称"文本框中输入"高原姑苏"，单击"确定"按钮，进入 Premiere Pro CS5.5 的工作界面。

（3）执行菜单命令"文件"→"导入"或按< Ctrl+I >组合键，打开"导入"对话框，选择本书配套教学素材"项目 2\高原姑苏\素材"文件夹。

（4）单击"导入文件夹"按钮，将所选的素材导入到项目窗口的素材库中，如图 2-1 所示。

图 2-1　项目窗口

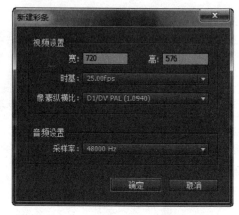

图 2-2　"新建彩条"对话框

2．制作彩条

（1）执行菜单命令"文件"→"新建"→"彩条"，打开"新建彩条"对话框，在该对话框中选择"时基"为 25，如图 2-2 所示。单击"确定"按钮，新建的"彩条"会自动导入到项目窗口的素材库中。

（2）在项目窗口中选择"彩条"添加到"视频 1"轨道上，入点位置为 0 s，如图 2-3 所示。

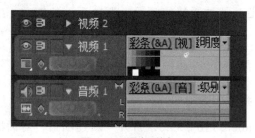

图 2-3　添加彩条

3．设计相册片头

（1）在项目窗口中选择"背景 2"添加到"视频 1"轨道上，入点与"彩条"结束位置对齐。

（2）在项目窗口中选择"背景 1"，将其添加到"视频 1"轨道上，入点与"背景 2"结束点对齐，如图 2-4 所示。

图 2-4　添加背景

（3）在项目窗口中选择"水车"图片，将其添加到"视频 2"轨道上，起始位置与"背景 2"对齐，长度为 2 s。

（4）用鼠标右键单击轨道控制区域，从弹出的快捷菜单中选择"添加轨道"菜单项，打开"添加视音轨"对话框，在"视频轨"的添加文本框内输入 1 条视频轨，单击"确定"按钮。

（5）在项目窗口分别选择"图片 1""图片 2"和"图片 3"，分别将其添加到"视频 2""视频 3"和"视频 4"轨道。"图片 1"的起始位置与"水车"的结束位置对齐，长度为 3：11；"图片 2"和"图片 3"的结束位置与"图片1"的结束位置对齐，长度为 2：23，如图 2-5 所示。

图 2-5　添加图片

图 2-6　特效控制台窗口

（6）在效果窗口中选择"视频切换"→"3D 运动"→"帘式"，添加到"水车"与"图片 1"之间。

（7）选择"水车"，在特效控制台窗口展开"运动"，为"缩放比例"参数添加 2 个关键帧，时间为 5 和 5：10，将对应参数分别设置为 0 和 14，为"旋转"参数添加两个关键帧，时间为 5 和 5：18，将对应参数分别设置为 0和 333°，如图 2-6 所示。

（8）选择"图片 1"，在特效控制台窗口中展开"运动"，将"缩放比例"和"旋转"分别设置为 8 和-39°，为"位置"参数添加 2 个关键帧，时间分别为 7：13 和 9：21，对应参数分别设置为（-82，648）和（567，134），如图2-7 所示。

（9）在工具箱中选择"钢笔工具"，分别在"图片1"的9：21和10：08位置上单击，加入2个关键帧，拖曳终止点处的关键帧到最低点位置上。

（10）选择"图片2"，在特效控制台窗口中展开"运动"，将"缩放比例"和"旋转"分别设置为8和39°，为"位置"参数添加2个关键帧，时间分别为7：13和9：21，对应参数分别设置为（817，646）和（100，76），如图2-8所示。

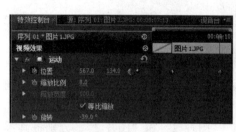
图2-7　图片1的运动参数

图2-8　图片2的运动参数

（11）在工具箱中选择"钢笔工具"，按< Ctrl >键，分别在"图片2"的9：21和10：08位置上单击，加入2个关键帧，拖曳终止点处的关键帧到最低点位置上。

（12）选择"图片3"，在特效控制台窗口中展开"运动"，将"缩放比例"设置为8，为"位置"参数添加2个关键帧，时间分别为7:13和9:21，对应参数分别设置为（348，-99）和（346，475），如图2-9所示。

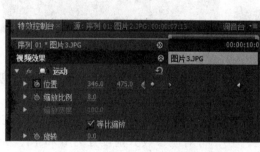
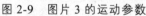
图2-9　图片3的运动参数

图2-10　"新建字幕"对话框

（13）在工具箱中选择"钢笔工具"，分别在"图片3"9：21和10：08位置上单击，加入2个关键帧，拖曳终点处的关键帧到最低点位置上。

（14）执行菜单命令"字幕"→"新建字幕"→"默认静态字幕"，打开"新建字幕"对话框，设置参数，如图2-10所示。

（15）单击"确定"按钮，进入字幕编辑窗口，在工具栏中选择文本工具，在"字幕工作区"中输入文字"丽江古城"。

（16）"字体大小"分别为 100，"字幕样式"选择"方正金质大黑"字，设置字体后的文字效果。

（17）选择文字"丽江古城"，单击"字体"右侧的下拉按钮，在弹出的下拉列表中选择需要的字体类型 HYTaiJiJ，如图 2-11 所示。

图 2-11　字幕效果

图 2-12　片头字幕位置

（18）关闭字幕编辑窗口，返回 Premiere Pro CS5.5 的工作界面，新创建的字幕文件会自动导入到项目窗口中。

（19）在项目窗口中选择字幕"片头字幕"，将其添加到"视频 2"轨道上，入点位置与"图片 1"结束点对齐，长度为 4：16。

（20）在效果窗口中选择"视频切换"→"3D 运动"→"立方体旋转"，添加到"片头字幕"起始位置上。

（21）在效果窗口中选择"视频切换"→"3D 运动"→"旋转"，添加到"片头"结束位置上，如图 2-12 所示。

（22）在效果窗口中选择"视频特效"→"Trapcode"→"Shine"效果添加到"片头字幕"上。在特效控制台窗口中展开"Shine"选项，为"Source Point"参数添加 2 个关键帧，其时间为 11：14 和 13：19，参数为（98，288）和（627，288）。为"Ray Length"添加 4 个关键帧，其时间为 11：11、11：14、13：19 和 14：00，参数为 0、6、6 和 0。

（23）将"Colorize"→"Base On…"设置为 Alpha，"Colorize…"设置为 None，"Transfer Mode"设置为 Hue，如图 2-13 所示。

4．录音

在"音频硬件设置"对话框中对轨道录音设定基本参数，如 ASIO，设置音频输入设备。

（1）执行菜单命令"编辑"→"首选项"→"音频硬件"，打开"首选项"

对话框，如图 2-14 所示。

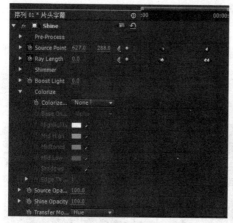

图 2-13　Shine 参数

图 2-14　"首选项"对话框

（2）单击"ASIO 设置"按钮，打开"音频硬件设置"对话框，单击"输入"选项卡，在"启用设备"中选中"麦克风"选项，如图 2-15 所示，单击"确定"按钮。

ASIO：Audio Stream Input Output，该设置取决于计算机中音频硬件和驱动程序的设定，与 Premiere Pro CS5.5 没有直接关系。

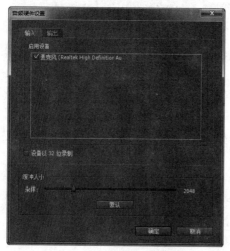

图 2-15　"音频硬件设置"对话框

图 2-16　调音台

（3）单击"调音台：序列 01"选项卡，打开调音台窗口，在调音台窗口的录制轨道上选择"激活录制轨"按钮，激活录音功能。在按钮上方的小窗口中指定音频硬件，如图 2-16 所示。

（4）在调音台窗口中单击"录音"按钮 ● → "播放"按钮 ▶ ，开始录音。录音结束单击按钮"停止"。反复录制，直到录完、满意为止。

注：本实训用 Audition 3.0 软件录制配音，录制完后经过处理，混缩存为 mp3 文件。导入到 Premiere Pro CS5.5 的项目窗口，再拖动到"音频 1"轨道上，起始位置与片头字幕的结束位置对齐，如图 2-17 所示。

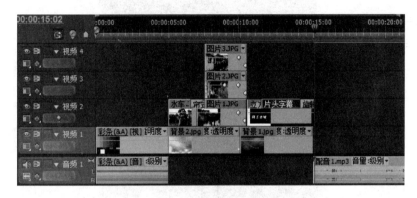

图 2-17　插入配音

丽江古城的解说词：具有 800 多年历史的丽江古城，座落在丽江坝子中部，面积约 3.8 平方公里，始建于南宋末年，是元代丽江路宣抚司，明代丽江军民府和清代丽江府驻地。丽江古城选址独特，布局上充分利用山川地形及周围自然环境，北依象山、金虹山，西枕猴子山，东面和南面与开阔坪坝自然相连，既避开了西北寒风，又朝向东南光源，形成坐靠西北，放眼东南的整体格局。发源于城北象山脚下的玉泉河水分三股入城后，又分成无数支流，穿街绕巷，流布全城，形成了"家家门前绕水流，户户屋后垂杨柳"的诗画图。街道不拘于工整而自由分布，主街傍水，小巷临渠，300 多座古石桥与河水、绿树、古巷、古屋相依相映，极具高原水乡古树、小桥、流水、人家的美学意韵，被誉为"东方威尼斯""高原姑苏"。丽江充分利用城内涌泉修建的多座"三眼井"，上池饮用，中塘洗菜，下流漂衣，是纳西族先民智慧的象征，是当地民众利用水资源的典范杰作，充分体现人与自然和谐统一。古城心脏四方街明清时已是滇西北商贸枢纽，是茶马古道上的集散中心。

1986 年国务院公布为中国历史文化名城；1997 年 12 月 4 日，被联合国教科文组织正式批准列入《世界遗产名录》清单，成为全国首批受人类共同承担保护责任的世界文化遗产城市；2001 年 10 月，被评为全国文明风景旅游区示范点；2002 年，荣登"中国最令人向往的 10 个城市"行列。

5．添加音乐

（1）在项目窗口中双击"星空.mp3"，将其插入源监视器窗口，设置入点为 14：17，出点为 24：04，将其拖到"音频 1"轨道上，与片头对齐，在 13：21 处制作一个淡出效果，如图 2-18 所示。

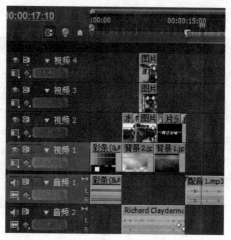

图 2-18　添加片头音乐

（2）在源监视器窗口，设置入点为 14：22、出点为 3：30：17，将其拖到"音频 2"轨道上，与片头结束点对齐，并在最后 2 s 添加淡出，如图 2-19 所示。

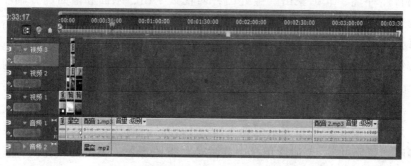

图 2-19　添加音乐

（3）降低背景音乐的音量，使背景音乐低于解说词的音量。用鼠标右键单击"音频 2"轨道上的音乐，从弹出的快捷菜单中选择"音频增益"菜单项，打开"音频增益"对话框，调节"设置增益为"-15 dB，单击"确定"按钮。

6．解说词字幕

将解说词分段复制到记事本中，并对其进行编排，编排完毕，单击"退出"按钮,保存文件名为"解说词文字",用于解说词字幕的歌词。

在 Premiere Pro CS5.5 中,将编辑好的节目的音频输出,输出格式为 mp3,输出文件名为"配音",用于解说词字幕的音乐。

(1)在桌面上双击"Sayatoo 卡拉字幕精灵"图标,启动 KaraTitleMaker字幕设计窗口。

(2)再打开"KaraTitleMaker"对话框,用鼠标右键单击项目窗口的空白处,从弹出的快捷菜单中选择"导入歌词"菜单项,打开"导入歌词"对话框,选择"解说词文字"文件,单击"打开"按钮,导入解说词。

(3)执行菜单命令"文件"→"导入音乐",打开"导入音乐"对话框,选择音频文件"配音输出",单击"打开"按钮,如图 2-20 所示。

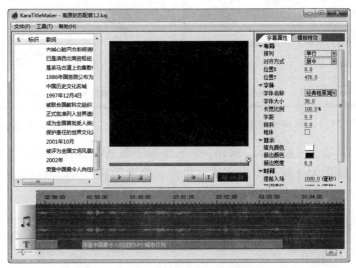

图 2-20 卡拉字幕制作

(4)单击第一句歌词,让其在窗口上显示。在字幕属性中设置"排列"为单行,"对齐方式"为居中,"字体名称"为经典粗黑简,"字体大小"为 38,"填充颜色"为白色,"描边颜色"为黑色,"描边宽度"为 6。在模板特效中,去掉"指示灯"的勾选。

(5)单击控制台上的"录制歌词"按钮,打开"歌词录制设置"对话框,选择"逐行录制"单选按钮,如图 2-21 所示。

(6)单击"开始录制"按钮,开始录制歌词。使用键盘获取解说词的时间信息,解说词一行开始按下键盘的任意键,结束时松开键;下一行开始又按下任意键,结束时松开键,周而复始,直至完成。

(7)歌词录制完成后,在时间线窗口上会显示出所有录制歌词的时间位置。可以直接用鼠标修改歌词的开始时间和结束时间，或者移动歌词的位置。

（8）执行菜单命令"文件"→"保存项目"，打开"保存项目"对话框，在"文件名称"文本框内输入名称"字幕"，单击"保存"按钮。

（9）执行菜单命令"工具"→"生成虚拟字幕 AVI 视频"，打开"生成虚拟字幕 AVI 视频"对话框，单击"输入字幕项目 kaj 文件"右边的"浏览"按钮，打开"打开"对话框，选择"输出字幕"文件，单击"确定"按钮，"图像大小"为 720×576，如图 2-22 所示。

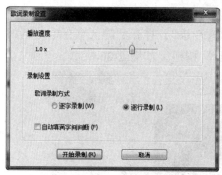
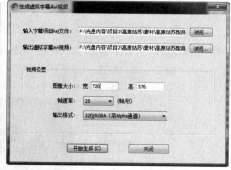

图 2-21　歌词录制设置　　　　　　图 2-22　生成虚拟字幕 AVI 视频

（10）单击"开始生成"按钮，生成虚拟字幕 AVI 视频后，打开"vavigen"对话框，虚拟 AVI 视频生成完成，单击"确定"→"关闭"按钮，字幕制作完毕。

（12）在"KaraTitleMaker"窗口，单击"关闭"按钮。

（13）在 Premiere Pro CS5.5.5 中，按<Ctrl +I>组合键，导入"高原姑苏配音字幕"和"配音"文件。

（14）将"高原姑苏配音字幕"文件从项目窗口中拖动到"视频 2"轨道上，与配音的开始位置对齐，如图 2-23 所示。

图 2-23　添加字幕

（15）将"配音"文件从项目窗口中拖动到"音频 1"轨道上，替换原来的配音文件，如图 2-24 所示。

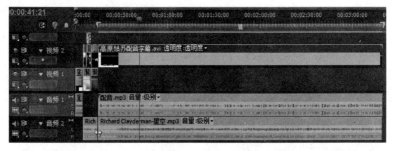

图 2-24　替换配音

7. 画面编辑

画面与声音要声画对位。声画对位是指声音和画面以同一个纪实内容为中心，在各自独立表现的基础上，又有机地结合起来的表现形式。

（1）在项目窗口中选择"全景"添加到"视频 1"轨道上，入点位置与"背景 1"对齐，设置持续时间为 4：15。

（2）在特效控制台中展开"运动"选项，取消"等比缩放"复选框的勾选，为"缩放高度""缩放宽度"参数添加 2 个关键帧，时间分别为 15：14 和 18：14，对应参数分别设置为（200，200）和（109，100）。

（3）在项目窗口中选择"木府 3"添加到"视频 1"轨道上，入点位置与"全景"对齐，将画面调整为满屏，设置其持续时间为 3：24。

（4）在效果窗口中选择"视频切换"→"叠化"→"交叉叠化"，添加到"全景"与"木府 3"的中间位置。

（5）在项目窗口中选择"雕塑"，添加 4 次到"视频 1"轨道上，入点位置与前一画面对齐，设置其持续时间分别为 1：02、1：14、1：13 和 1：16，如图 2-25 所示。

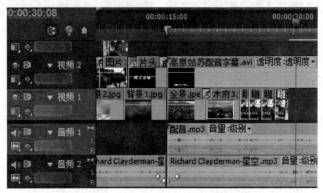

图 2-25　"雕塑"在时间线上的排列

（6）在特效控制台窗口中分别设置"雕塑"的"缩放比例"为 100、80、50 和 25，"位置 Y"分别为 475、470、420 和 288，其效果如图 2-26 所示。

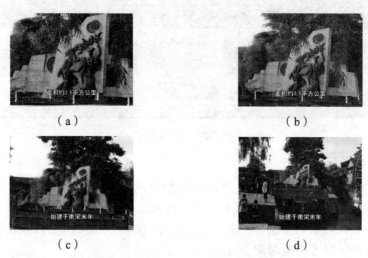

（a）　　　　　　　　　　　（b）

（c）　　　　　　　　　　　（d）

图 2-26　设置"雕塑"的"缩放比例"

（7）在项目窗口中选择"街道 1"添加到"视频 1"轨道上，入点位置与前一画面对齐，设置其持续时间为 5：16。

（8）在特效控制台中展开"运动"选项，为"位置""缩放比例"参数添加 2 个关键帧，时间分别为 29：21 和 33：19，其参数分别为[（590，405），40]和[（273，208），30]，如图 2-27 和图 2-28 所示。

图 2-27　设置"街道 1"位置与缩放关键帧 1　图 2-28　设置"街道 1"位置与缩放关键帧 2

（9）在项目窗口中选择"街道 2"添加到"视频 1"轨道上，入点位置与前一画面对齐，设置其持续时间为 4：21。

（10）在特效控制台中展开"运动"选项，为"位置""缩放比例"参数添加 2 个关键帧，时间分别为 34：20 和 38：08，其参数分别设置为[（-30，320），50]和[（442，227），30]，如图 2-29 和图 2-30 所示。

（11）在项目窗口中选择"早晨的阳光"添加到"视频 1"轨道上，入点位置与前一画面对齐，设置其持续时间为 5 s。将"缩放比例"设置为 25。

图 2-29 设置"街道 2"位置与缩放关键帧 1　　图 2-30 设置"街道 2"位置与缩放关键帧 2

（12）在项目窗口中选择"街道 3"添加到"视频 1"轨道上，入点位置与前一画面对齐，设置其持续时间为 4：15，为"位置""缩放比例"在 43：19 和 47：19 处参数添加 2 个关键帧，其参数分别设置为[（360，288），25] 和[（166，625），100]，效果如图 2-31 所示。

（a）　　　　　　　　　　　　　　（b）

图 2-31 运动效果

（13）在项目窗口中选择"小山"添加到"视频 1"轨道上，入点位置与前一画面对齐，设置其持续时间为 1：23，将"缩放比例"设置为 25，并在"街道 3"与"小山"之间添加视频切换"叠化"→"交叉叠化"。

（14）在项目窗口中选择"金虹山"添加到"视频 1"轨道上，入点位置与前一画面对齐，设置其持续时间为 1：10，并在"小山"与"金虹山"之间添加视频切换"叠化"→"交叉叠化"。

（15）在项目窗口中选择"猴子山"添加到"视频 1"轨道上，入点位置与前一画面对齐，设置其持续时间为 2：06。将"缩放高度"设置为 33，"缩放宽度"为 26，并在"金虹山"与"猴子山"之间添加视频切换"叠化"→"交叉叠化"。

（16）在项目窗口中选择"古城夜景"添加到"视频 1"轨道上，入点位置与前一画面对齐，设置其持续时间为 5，将"缩放高度"设置为 112，并在"猴子山"与"古城夜景"之间添加视频切换"3D 运动"→"翻转"。

（17）在项目窗口中选择"花店"添加到"视频 1"轨道上，入点位置与前一画面对齐，设置其持续时间为 5：00，为"位置"参数添加 2 个关键帧，时间分别为 58：24 和 1：02：24，将"位置"参数分别设置为（312，357）和（731，−20），"缩放比例"参数分别设置为 50。

（18）在项目窗口中选择"幽雅气息"添加到"视频 1"轨道上，入点位置与前一画面对齐，设置其持续时间为 4：02。为"位置""缩放比例"在 1：04：02 和 1：07：12 处添加 2 个关键帧，其参数分别设置为[（360，288），24]和[（−319，−200），67]。

（19）在项目窗口中选择"街道 4"添加到"视频 1"轨道上，入点位置与前一画面对齐，设置其持续时间为 3：08，将"缩放比例"参数设置为 24。

（20）在项目窗口中选择"古城水车"添加到"视频 1"轨道上，入点位置与前一画面对齐，设置其持续时间为 6：02。为"位置""缩放比例"在 1：11：09 和 1：15：23 处添加 2 个关键帧，其参数分别设置为[（418，331），44]和[（360，288），24]。

（21）在项目窗口中选择"水车"添加到"视频 1"轨道上，入点位置与前一画面对齐，设置其持续时间为 2：21，将"缩放比例"参数设置为 24。

（22）在效果窗口中选择"视频切换"→"3D 运动"→"摆入"，添加到"古城水车"与"水车"的中间位置。

（23）在项目窗口中选择"古城小溪"添加到"视频 1"轨道上，入点位置与前一画面对齐，设置其持续时间为 3：15，将"缩放比例"参数设置为 24。

（24）在效果窗口中选择"视频切换"→"卷页"→"卷走"，添加到"水车"与"古城小溪"的中间位置。

（25）在项目窗口中选择"水流"添加到"视频 1"轨道上，入点位置与前一画面对齐，设置其持续时间为 3：15，将"缩放比例"设置为 24。

（26）在效果窗口中选择"视频切换"→"擦除"→"插入"，添加到"古城小溪"与"水流"的中间位置。

（27）在项目窗口中选择"垂杨柳"添加到"视频 1"轨道上，入点位置与前一画面对齐，设置其持续时间为 4：08，将"缩放比例"参数设置为 24。

（28）在效果窗口中选择"视频切换"→"滑动"→"拆分"，添加到"水流"与"垂杨柳"的中间位置。

（29）在项目窗口中选择"街道 5"添加到"视频 1"轨道上，入点位置与前一画面对齐，设置其持续时间为 4：14，将"缩放比例"设置为 24。

（30）在效果窗口中选择"视频切换"→"划像"→"菱形划像"，添加到"水流"与"垂杨柳"的中间位置。

（31）在项目窗口中选择"小巷"添加到"视频 1"轨道上，入点位置与前一画面对齐，设置其持续时间为 1：16，将"缩放比例"参数设置为 24。

（32）在项目窗口中选择"小巷 1"添加到"视频 1"轨道上，入点位置与前一画面对齐，设置其持续时间为 1：23，将"缩放比例"参数设置为 24。

（33）在项目窗口中选择"小桥"添加到"视频 1"轨道上，入点位置与前一画面对齐，设置其持续时间为 4：03，将"缩放比例"设置为 24。

（34）在效果窗口中选择"视频切换"→"卷项"→"中心剥落"，添加到"小巷"与"小桥"的中间位置。

（35）在项目窗口中选择"小溪"添加到"视频 1"轨道上，入点位置与前一画面对齐，设置其持续时间为 4：04。为"位置""缩放比例"在 1：44：02 和 1：48：04 处参数添加 2 个关键帧，其参数分别设置为[（365，-102）90]和[（343，301），24]。

（36）在项目窗口中选择"小桥 1"添加到"视频 1"轨道上，入点位置与前一画面对齐，设置其持续时间为 4：15。为"位置""缩放比例"在 1：49：00 和 1：52：23 处参数添加 2 个关键帧，其参数分别设置为[（329，175），88]和[（360，288），24]。

（37）在项目窗口中选择"小溪 2"添加到"视频 1"轨道上，入点位置与前一画面对齐，设置其持续时间为 3：13。

（38）在效果窗口中选择"视频切换"→"伸展"→"伸展"，将其拖到"小桥 1"与"小溪 2"的中间位置。

（39）在项目窗口中选择"满城尽是黄金甲"添加到"视频 1"轨道上，入点位置与前一画面对齐，设置其持续时间为 4：19。将"缩放比例"参数设置为 102。

（40）在效果窗口中选择"视频切换"→"伸展"→"伸展"，将其拖到"小溪 2"与"满城尽是黄金甲"的中间位置。

（41）在项目窗口中选择"三眼井 1"添加到"视频 1"轨道上，入点位置与前一画面对齐，设置其持续时间为 5：18。为"位置""缩放比例"参数在 2：01：24 和 2：06：08 处添加 2 个关键帧，将"缩放比例"参数分别设置为 200、102。

（42）在效果窗口中选择"视频切换"→"3D 运动"→"旋转"，添加到"满城尽是黄金甲"与"三眼井 1"的中间位置。

（43）在项目窗口中选择"三眼井"添加到"视频 1"轨道上，入点位置与前一画面对齐，设置其持续时间为 5：13。为"位置"参数在 2：07：11 和 2：11：21 处添加 2 个关键帧，其参数分别设置为（360，511）和（365，47），"缩放比例"参数设置为 200。

（44）在效果窗口中选择"视频切换"→"擦除"→"擦除"，添加到"三眼井1"与"三眼井"的中间，其运动效果如图2-32所示。

（a）

（b）

图2-32 "三眼井"运动效果

（45）在项目窗口中选择"三眼井 2"添加到"视频 1"轨道上，入点位置与前一画面对齐，设置其持续时间为4：03。

（46）在特效控制台中展开"运动"选项，去掉"等比缩放"前复选框的勾选，为"位置""缩放高度"和"缩放宽度"参数在2：13：19和2：16：21处添加2个关键帧，其参数分别设置为[（360，288），118，122]和[（550，89），200，210]。

（47）在项目窗口中选择"丽江图片 1"添加到"视频 1"轨道上，入点位置与前一画面对齐，设置其持续时间为5：01。

（48）在特效控制台中展开"运动"选项，去掉"等比缩放"前复选框的勾选，将"缩放高度"和"缩放宽度"参数分别设置为172、160。

（49）在效果窗口中选择"视频切换"→"擦除"→"风车"，添加到"三眼井 2"与"丽江图片 1"的中间位置。

（50）在项目窗口中选择"小溪 1"添加到"视频 1"轨道上，入点位置与前一画面对齐，设置其持续时间为5 s，将"缩放比例"参数设置为24。

（51）在效果窗口中选择"视频切换"→"擦除"→"螺旋框"，添加到"丽江图片 1"与"小溪 1"的中间位置。

（52）在项目窗口中选择"四方街"添加到"视频 1"轨道上，入点位置与前一画面对齐，设置其持续时间为4：02，将"缩放比例"参数设置为136。

（53）在效果窗口中选择"视频切换"→"滑动"→"滑动"，添加到"小溪 1"与"四方街"的中间位置。

（54）在项目窗口中选择"四方街 1"添加到"视频 1"轨道上，入点位置与前一画面对齐，设置其持续时间为3：13。

（55）在特效控制台中展开"运动"选项，为"位置""缩放比例"参数在 2：31：06 和 2：34：12 处添加 2 个关键帧，其参数分别设置为[（370，15），100]和[（360，288），24]。

（56）在项目窗口中选择"四方街 2"添加到"视频 1"轨道上，入点位置与前一画面对齐，设置其持续时间为 4：03。为"缩放比例"参数在 2：35：00 和 2：37：24 处添加 2 个关键帧，其参数分别设置为 100、24。

（57）在项目窗口中选择"雕塑 1"添加到"视频 1"轨道上，入点位置与前一画面对齐，设置其持续时间为 6：14。为"位置""缩放比例"参数在 2：39：18 和 2：44：08 处添加 2 个关键帧，其参数分别设置为[（413，301），53]和[（360，288），24]。

（58）在项目窗口中选择"街道 6"添加到"视频 1"轨道上，入点位置与前一画面对齐，设置其持续时间为 5:00。

（59）在特效控制台中展开"运动"选项，为"位置""缩放比例"参数在 2：46：00 和 2：49：19 处添加 2 个关键帧，其参数分别设置为[（246，357），100]和[（360，288），24]。

（60）在项目窗口中选择"瓦猫"添加到"视频 1"轨道上，入点位置与前一画面对齐，设置其持续时间为 3：05，将"缩放比例"参数设置为 24。

（61）在效果窗口中选择"视频切换"→"滑动"→"中心合并"，添加到"街道 6"与"瓦猫"的中间位置。其效果如图 2-33 所示。

 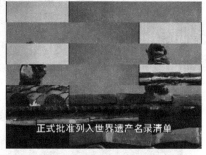

图 2-33 "中心合并"效果　　　　图 2-34 "带状滑动"效果

（62）在项目窗口中选择"瓦猴"添加到"视频 1"轨道上，入点位置与前一画面对齐，设置其持续时间为 2：16，将"缩放比例"参数设置为 24。

（63）在效果窗口中选择"视频切换"→"滑动"→"带状滑动"，添加到"瓦猫"与"瓦猴"的中间位置。其效果如图 2-34 所示。

（64）在项目窗口中选择"木府 1"添加到"视频 1"轨道上，入点位置与前一画面对齐，设置其持续时间为 4：06。

（65）在特效控制台中展开"运动"选项，去掉"等比缩放"前复选框的勾选，将"缩放高度""缩放比例"参数分别设置为 137、127。

（66）在效果窗口中选择"视频切换"→"缩放"→"缩放"，添加到"瓦猴"与"木府 1"的中间位置。

（67）在项目窗口中选择"木府 2"添加到"视频 1"轨道上，入点位置与前一画面对齐，设置其持续时间为 4：12。

（68）在特效控制台中展开"运动"选项，去掉"等比缩放"前复选框的勾选，将"缩放高度""缩放比例"参数分别设置为 152、132。

（69）在效果窗口中选择"视频切换"→"缩放"→"缩放拖尾"，添加到"木府 1"与"木府 2"的中间位置。

（70）在项目窗口中选择"牌坊"，添加 4 次到"视频 1"轨道上，入点位置与前一画面对齐，设置其持续时间分别为 1：20、1：17、1：18 和 1：20。

（71）在特效控制台窗口中展开"运动"选项，分别设置"牌坊"的"缩放比例"为 24、50、75 和 94。

（72）在项目窗口中选择"街道 7"添加到"视频 1"轨道上，入点位置与前一画面对齐，设置其持续时间为 8：07。

（73）在特效控制台中展开"运动"选项，为"位置""缩放比例"参数在 3：12：16 和 3：16：07 处添加 2 个关键帧，其参数分别设置为[（-428，936），100]和[（360，288），24]，如图 2-35 和图 2-36 所示。

图 2-35　"街道 7"运动选项设置 1

图 2-36　"街道 7"运动选项设置 2

（74）素材片段在时间线上的位置如图 2-37 所示。

图 2-37　素材在时间线上的位置

9.片尾的制作

（1）在项目窗口中选择"肉石"添加到"视频 1"轨道上，入点位置与前一画面对齐，设置其持续时间为 4：10。将"肉石"的"缩放比例"设置为25。

（2）在效果窗口中选择"视频切换"→"擦除"→"双侧平推门"，添加到"街道 7"与"肉石"的中间位置。

（3）在项目窗口中选择"城门"添加到"视频 1"轨道上，入点位置与前一画面对齐，设置其持续时间为 3：03。将"城门"的"缩放比例"设置为25。

（4）在项目窗口中选择"木府 4"添加到"视频 1"轨道上，入点位置与前一画面对齐，设置其持续时间为 4：14。

（5）在特效控制台窗口中展开"运动"选项，去掉"等比缩放"前复选框的勾选，将"缩放高度""缩放比例"参数分别设置为 142、129。

（6）执行菜单命令"字幕"→"新建字幕"→"默认滚动字幕"，在"新建字幕"对话框中输入字幕名称，单击"确定"按钮，打开字幕窗口，自动设置为纵向滚动字幕。

（7）使用文字工具输入演职人员名单，插入赞助商的标志，输入其他相关内容，"字体"选择"FZXingKai-S04S"，字号为 45。

（8）在"字幕属性"中，单击"描边"→"外侧边"→"添加"，"大小"设置为 25，如图 2-38 所示。

（9）输入完演职人员名单后，按< Enter >键，拖动垂直滑块，将文字上移出屏为止。单击字幕设计窗口合适的位置，输入单位名称及日期，字号为54，其余设置同上，如图 2-39 所示。

图 2-38　字幕属性的设置

图 2-39　制作单位及日期

（10）单击字幕窗口上方的"滚动/游动选项"▤按钮，打开"滚动/游动选项"对话框。在对话框中勾选"开始于屏幕外"，使字幕从屏幕外滚动进入。设置完毕后，单击"确定"按钮即可，如图 2-40 所示。

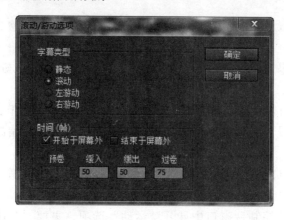

图 2-40 "滚动/游动选项"对话框

（11）关闭字幕设置窗口，将当前时间指针定位到 3：19：17 位置，拖动"片尾"到时间线窗口"视频 2"轨道上的相应位置，使其开始位置与当前时间指针对齐，持续时间设置为 12：00，如图 2-41 所示。

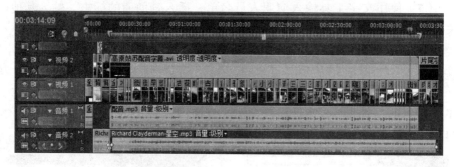

图 2-41 片尾的位置

10．输出

（1）执行菜单命令"文件"→"导出"→"媒体"，打开"导出设置"对话框。

（2）在右侧的"导出设置"中单击"格式"下拉列表框，选择"H.264"选项，"预设"为"PAL DV 高品质"。

（3）单击"输出名称"后面的链接，打开"另存为"对话框，在对话框中设置保存的名称和位置，单击"保存"按钮，如图 2-42 所示，单击"导出"按钮。

（4）打开"编码 序列 01"对话框，开始输出，如图 2-43 所示。

图 2-42 输出设置

图 2-43 编码输出

实训 2.2 高原明珠——泸沽湖

🛡 实训情景设置

应用特效、特技、运动及抠像制作图片的电子相册。制作过程包括：新建项目，导入素材，制作图像运动效果，三维运动类及划像类等转场的运用，叠加的运用，制作标题字幕，添加标题字幕特效，添加音乐及输出影片。

阅读材料：泸沽湖古称为鲁窟海子，又名左所海，俗称为亮海，位于四川省凉山彝族自治州盐源县与云南省丽江市宁蒗彝族自治县之间。湖面海拔约 2 690.75 米，面积约 48.45 平方公里。湖边的居民主要为摩梭人，也有部分纳西族人。摩梭人至今仍然保留着母系氏族婚姻制度。

🔑 操作步骤

1．新建项目并导入素材

制作风景电子相册，准备素材最重要。首先创建一个新的项目文件，将准备好的素材按照各自类别输入到项目窗口中，以便后面操作时使用。

（1）启动 Premiere Pro CS5.5，打开"新建项目"对话框，在"名称"文本框中输入文件名"高原明珠"，设置文件的保存位置，单击"确定"按钮。

（2）打开"新建序列"对话框，在"序列预置"选项卡下选择"有效预置"为"DV-PAL"的"标准 48 kHz"选项，在"序列名称"文本框中输入序列名，单击"确定"按钮，进入 Premiere Pro CS5.5 的工作界面。

（3）在项目窗口中创建 4 个文件夹，分别为"图片""照片""音乐"和"字幕"，如图 2-44 所示。

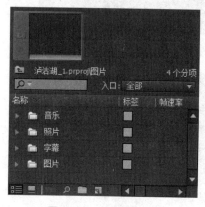

图 2-44　项目窗口

图 2-45　导入音乐素材

（4）用鼠标右键单击"音乐"文件夹，从弹出的快捷菜单命令中选择"导入"菜单项，打开"导入"对话框，选择本书配套教学素材"项目 2\泸沽湖\素材\音乐"文件夹中的"月光下的凤尾竹.mp3"音乐文件，如图 2-45 所示，单击"打开"按钮，输入文件。

（5）使用同样的方法将"图片"和"照片"文件夹中的资源文件也导入到相应的文件夹中。

2．准备字幕标题和视频背景

制作电子相册的视频内容，包括准备背景音乐，利用字幕制作标题文字，利用图片制作视频背景等。

（1）双击项目窗口"音乐"文件夹中的"午后的旅行.mp3"音乐文件，

在源监视器窗口中分别将音频的入点和出点设置为 2：00 和 1：50：24，将音频片段添加到时间线窗口的"音频 1"轨道中，并在前 2 s 和后 2 s 处添加淡入和淡出。

（2）在屏幕中添加一个红色背景。执行菜单命令"文件→"新建"→"彩色蒙版"，打开"新建彩色蒙版"对话框，设置"时基"为 25，单击"确定"按钮。

（3）打开"颜色拾取"对话框，将颜色设置为大红色（FF2020），如图 2-46 所示，单击"确定"按钮。打开"选择名称"对话框，在文本框中输入"红色背景"，单击"确定"按钮。在项目窗口中将"红色背景"添加到"视频 1"轨道中，与开始位置对齐。

（4）将项目窗口"照片"文件夹中的"山水"添加到"视频 2"轨道中，同样将起始位置与视频开始位置对齐，如图 2-47 所示。

图 2-46　设置颜色

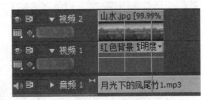

图 2-47　添加图片

（5）当前图片大小为 700×438 像素，这比当前制作的 DV 视频尺寸 720×576 像素要小。在节目监视器窗口中选择图片对象，将鼠标指针移动到右下角的控制手柄上，拖动鼠标，调整图片大小，使之充满整个屏幕，如图 2-48 所示。

图 2-48　调整图片大小

图 2-49　附加叠化

（6）在效果窗口中选择"视频切换效果"→"叠化"→"附加叠化"，添加到"山水"的开始位置。在特效控制台窗口中,将"持续时间"调整为 2 s,图像在红色背景上逐渐显示,最终覆盖红色背景,如图 2-49 所示。

(7)添加标题字幕。执行菜单命令"字幕"→"新建字幕"→"默认静态字幕",在弹出的"新建字幕"对话框中,输入字幕名称"标题",单击"确定"按钮。

(8)在屏幕上部位置单击,输入"高原明珠",选择"高原明珠",单击上方水平工具栏中的 Courier ... ▼ 右边的小三角形,在弹出的快捷菜单中选择"经典特黑简",在"字幕样式"中选择"汉仪凌波"样式。将当前字幕文字的"字体尺寸"设置为 56,"行距""字距"和"倾斜"分别设置为 22、11 和 22°,以得到倾斜的文字效果,如图 2-50 所示。

(9)确认当前选择的是 T 工具,在当前文字下方再创建一个文字对象,输入文字"泸沽湖"。在"字幕样式"中选择"方正金质大黑" 字 样式,字体设置为 FZZhongYi-M055,字体大小为 70,字距为 11,倾斜为 -14°,如图 2-51 所示。

图 2-50 文字倾斜效果

图 2-51 设置文字参数后的效果

(10)关闭字幕设置窗口,将时间线窗口中的当前播放指针定位到 2 s 位置,也就是"视频 2"轨道中"附加叠化"转场完毕的时间。

(11)将"标题"字幕添加到"视频 3"轨道中,使其开始位置与当前播放指针对齐,如图 2-52 所示。将播放指针定位到 5 s 的位置,将当前字幕缩短至与播放指针对齐,如图 2-53 所示。

(12)在效果窗口中选择"视频切换"→"滑动"→"推",添加到"标题"字幕的开始位置。

(13)将项目窗口中"图片"文件夹中的"背景 1"添加到"视频 3"轨道中,与前面的字幕末端对齐。

(14)在效果窗口中选择"视频切换"→"擦除"→"随机擦除",添加到当前的图片与字幕之间,如图 2-54 所示。

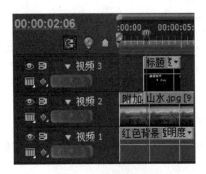

图 2-52　添加字幕

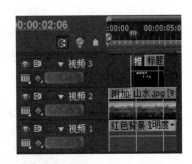

图 2-53　缩短字幕持续时间

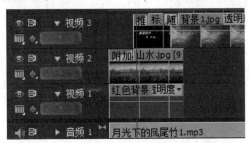

图 2-54　添加"随机擦除"转场特效

（15）在效果窗口中选择"视频特效"→"调整"→"基本信号控制"，添加到"背景 1"上。

（16）用鼠标右键单击"背景 1"，从弹出的快捷菜单中选择"速度/持续时间"菜单项，打开"素材速度/持续时间"对话框，将"持续时间"调整为 1：44：00，单击"确定"按钮。

（17）将播放指针定位到 10：21 的位置，在特效控制台窗口中单击"基本信号控制"下的"色相"左侧的按钮，开启关键帧状态，自动添加一个关键帧，参数设置为 300°，如图 2-55 所示。

图 2-55　添加关键帧

图 2-56　设置色相参数

（18）将播放指针定位到 30：02 的位置，"色相"参数设置为 0。由于"色相"参数的变化，在 2 个关键帧之间，图片会由红褐色经过粉色、蓝色而最终过渡到图片原本的绿色。将播放指针定位到 1：48：23 的位置，"色相"参数设置为-320°，如图 2-56 所示。

3. 利用"颜色键"特效使照片与背景融合

利用"颜色键"特效将照片与背景融合在一起，形成虚边的自然过渡融合效果。

（1）将播放指针定位到 6：20 的位置，将项目窗口"照片"文件夹中的"彩云之南"添加到"视频 4"轨道中，与播放指针对齐，将照片缩小到与屏幕大小一致。

（2）用鼠标右键单击"彩云之南"，从弹出的快捷菜单中选择"速度/持续时间"菜单项，打开"素材速度/持续时间"对话框，将"持续时间"调整为 1：42：05，单击"确定"按钮。

（3）选择照片"彩云之南"，在特效控制台窗口中为"比例"参数在 6：20 和 9：05 处添加 2 个关键帧，其参数分别为 0 和 120，如图 2-57 所示。

（4）在效果窗口中选择"视频特效"→"键"→"颜色键"，添加到"彩云之南"上。

（5）在特效控制台窗口中展开"颜色键"参数，将"主要颜色"设置为黑色。将"薄化边缘"设置为-5，"羽化边缘"设置为 50。为"颜色宽容度"参数在 10：21、12：04 和 13：14 处添加 3 个关键帧，其参数为 0、100 和 13，如图 2-58 所示。

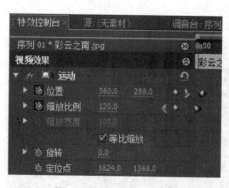

图 2-57　设置比例参数

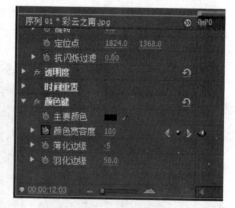

图 2-58　设置颜色键设置

（6）为"位置"参数在 12：04 和 14：10 处添加 2 个关键帧，其参数分

别设置为（360，288）和（550，288），使照片水平向屏幕右侧移动，如图 2-59
所示。

（a）　　　　　　　　　　　　（b）

图 2-59　照片水平移动

（7）将项目窗口中"图片"文件夹中的"雪花 3"添加到"视频 7"轨道
中，将之与"视频 4"轨道中的照片的起始位置对齐，如图 2-60 所示。将播
放指针定位到 28：04 的位置，延长"雪花 3"图片的长度，与播放指针对齐。

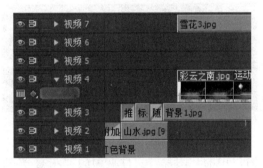

图 2-60　添加图片

（8）选择图片"雪花 3"，在特效控制台窗口中为"位置"参数在 6：20
和 28：09 处添加 2 个关键帧，其参数分别设置为（109，544）和（659，136），
雪花图片由屏幕左下方移动到右上方。

（9）分别为"缩放比例""旋转"参数在 6：20 和 28：09 处添加 2 个关
键帧，其参数分别设置为（10，0）和（50，2×0），图片由小逐渐变大，图像
旋转起来，动画效果如图 2-61 所示。

（10）为"透明度"参数添加 4 个关键帧，时间分别为 6：20、8：24、24：
10 和 28：09，对应参数分别设置为 0、100%、100% 和 0，这样图片在开始和
结束位置就会产生淡入和淡出的效果。

（a）

（b）

图 2-61　图片移动的动画效果

（11）在效果窗口中选择"视频特效"→"键"→"色度键"，添加到"雪花 3"上。在特效控制台窗口中展开"色度键"参数，将"颜色"设置为黑色，"相似性"为 4。

（12）将播放指针定位到 8 s 的位置，将"雪花 3"图片复制并粘贴到"视频 8"轨道中，并与播放指针对齐，如图 2-62 所示。

图 2-62　复制图片

（13）将项目窗口中的"图片"文件夹中的"花瓣-光晕 03"添加到"视频 11"轨道中，将之与"视频 8"轨道中图片的起始位置对齐。选择图片"花瓣-光晕 03"，在特效控制窗口中将"缩放比例"参数调整为 45。

（14）为"位置"参数在开始和结束位置各添加一个关键帧，其参数分别为（91，－50）和（91，300）。为"旋转"参数在开始和结束位置也同样各添加一个关键帧，其参数分别为 0 和 2×300°，这样花瓣图形就会边旋转边下落。为"透明度"参数在 10：05、12：24 和 13：24 处添加 3 个关键帧，其对应参数分别为 100%、50%和 0，如图 2-63 所示，花瓣图片下落并逐渐消失。

（15）将项目窗口"图片"文件夹中的"花瓣 02"添加到"视频 12"轨道中，起始位置在 10：09，持续时间为默认的 6 s。

（16）在特效控制台窗口中将"比例"参数调整为 45。

图 2-63　设置运动参数

（17）为"位置"参数在 10：09 和 16：08 处添加 2 个关键帧，其对应参数分别为（500，-50）和（500，300）。

（18）为"旋转"参数在 10：09s 和 16：08 处添加 2 个关键帧，其对应参数分别为 0 和 2×300°。为"透明度"参数在 12：24、15：08 和 16：08 处添加 3 个关键帧，其对应参数分别为 100%、50% 和 0，花瓣图片下落并逐渐消失。

（19）将项目窗口"图片"文件夹中的"花瓣 01"添加到"视频 10"轨道中，起始位置在 12：00，持续时间为默认的 6 s。

（20）在特效控制台窗口中将"缩放比例"参数调整为 45。

（21）为"位置"参数在 12：00 和 17：24 处添加 2 个关键帧，其对应参数分别为（200，-50）和（200，300）。为"旋转"参数在 12：00 和 17：24 处添加 2 个关键帧，其对应参数分别为 0 和 2×300°。为"透明度"参数在 14：05、16：24 和 17：24 处添加 3 个关键帧，其对应参数分别为 100%、50% 和 0，花瓣图片下落并逐渐消失。

（22）将项目窗口"图片"文件夹中的"花瓣 03"添加到"视频 11"轨道中，与前面的图形结束位置对齐。

（23）在特效控制台窗口中将"缩放比例"参数调整为 45。

（24）为"位置"参数在 14：00 和 19：24 处添加 2 个关键帧，其对应参数分别为（600，-50）和（600，300）。为"旋转"参数在 14：00 和 19：24 处添加 2 个关键帧，其对应参数分别为 0 和 2×300°。为"透明度"参数在 16：05、18：09 和 19：24 处添加 3 个关键帧，其对应参数分别为 100%、50% 和 0，花瓣图片下落并逐渐消失。当前时间线窗口中的设置如图 2-64 所示。

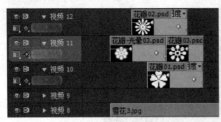

图 2-64　当前"时间线"窗口中的设置　　　　图 2-65　添加照片 1

4．添加泸沽湖照片

添加泸沽湖照片，分别为各个照片设置运动动画，添加视频特效，使照片之间自然过渡叠加。

（1）将播放指针定位到 16：12 的位置，将项目窗口"照片"文件夹的"束光"添加到"视频 6"轨道中并与播放指针对齐，如图 2-65 所示。

（2）选择图片"束光"，在"项目"窗口中分别为"位置""缩放比例""旋转"参数添加 4 个关键帧，具体设置如表 2-1 所示。

表 2-1　照片关键帧参数设置

关键帧时间参数	16：12	17：18	21：01	22：10
位　置	（153，191）	（360，288）	（360，288）	（153，191）
缩放比例	11	80	95	10
旋　转	1×0.0°	0°	0°	1×0.0°

（3）激活"视频 12"轨道，将该轨道内的"花瓣 02"在本轨道内进行复制，与前面的图片对齐。激活"视频 10"轨道，将该轨道内的"花瓣 01"在本轨道内进行复制，与前面的图片对齐。激活"视频 11"轨道，将该轨道内的"花瓣 03"在本轨道内进行复制，与前面的图片对齐。

（4）将"视频 11"轨道内前一段图片缩短至与"视频 10"轨道内两段图片分界处对齐，然后将本轨道内新复制的图片向左侧移动，与前方调整了长度的图片末端对齐。将"视频 8"轨道中的"雪花 3"图片复制到"视频 9"轨道中，与上方"视频 10"轨道中的图片分界位置对齐。使用同样的方法在"视频 11"中复制"花瓣 03"图片，与前面的图片对齐。

（5）为了增加视频画面上的随机变化效果，将"视频 10"中的图片复制到"视频 12"轨道中，而将"视频 12"轨道中的图片复制到"视频 10"轨道中，如图 2-66 所示。

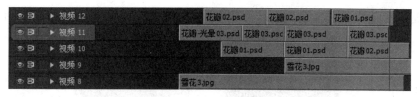

图 2-66　交换复制图片

（6）将项目窗口"照片"文件夹中的"眺望"添加到"视频 5"轨道中，使其开始位置与"视频 6"轨道中的图片末端对齐。

（7）选择图片"眺望"，在特效控制台窗口中将"缩放比例"参数设置为40。

（8）为"位置"参数在 22：12、23：23、27：15 和 28：11 处添加 4 个关键帧，其对应的坐标参数分别为（-180，186）、（400，186）、（500，186）和（900，186）。

（9）将项目窗口"照片"文件夹中的"思"添加到"视频 6"轨道中，使其开始位置与前面的图片末端对齐，如图 2-67 所示。

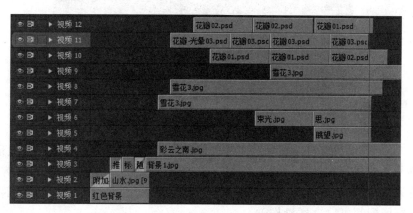

图 2-67　添加照片 2

（10）选择图片"思"，在特效控制台窗口中将"比例"参数设置为40。

（11）为"位置"参数在 22：12、23：23、27：15 和 28：11 处添加 4 个关键帧，其对应的坐标参数分别为（900，400）、（350，400）、（250，400）和（-180，400）。照片在屏幕上水平运动的动画效果如图 2-68 所示，分别激活"视频 7"和"视频 8"轨道，将其中的"雪花 3"图片向后复制并对齐。

（12）将"视频 11"轨道中的"花瓣 03"在本通道内进行复制，将前一段图片末端调整到 28：00，将新复制的图片向左侧对齐。在"视频 10"轨道中复制前面的"花瓣 01"图片，将开始位置定位在 32 s。在"视频 12"轨道中复制前面的"花瓣02"图片,将开始位置定位在30:09,如图 2-69 所示。

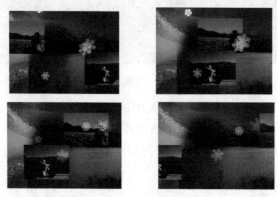

图 2-68　照片水平移动动画效果

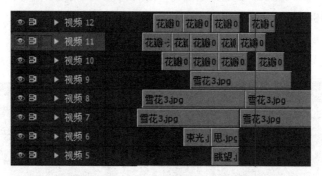

图 2-69　复制图片 1

(13)将项目窗口"照片"文件夹中的"早晨"添加到"视频6"轨道中,使其开始位置与前面的图片末端对齐。用鼠标右键单击当前图片,从弹出的快捷菜单中勾选 "缩放为当前画面大小",使图片与画幅匹配(以后的照片与画幅匹配都可以这样操作)。

(14)在效果窗口中选择"视频特效"→"变换"→"水平翻转",添加到"早晨"图片上,使照片水平翻转。

(15)为"位置"参数在28:12、30:02、33:02 和34:12处添加 4 个关键帧,其对应坐标参数分别为(360,850)、(360,288)、(360,288)和(360,850)。

(16)在效果窗口中选择"视频特效"→"键"→"颜色键",添加到当前图片上。

(17)在特效控制台窗口中为"颜色键"的"主要颜色"参数在 28:12 和30:02 处添加 2 个关键帧,由白色调整为蓝色(5889C2),以使照片中的蓝色部分镂空。为"颜色宽容度"参数在 30：02 和 31：16 处添加 2 个关键帧，其对应参数分别为 0 和 80。

（18）为"羽化边缘"参数在 30：02 和 31：16 处添加 2 个关键帧，其对应参数分别为 5 和 80。两关键帧对应照片效果如图 2-70 所示。

（a）　　　　　　　　　　　　　（b）

图 2-70　两关键帧对应的照片效果

（19）将项目窗口"照片"文件夹中的"韵"添加到"视频 6"轨道中，使其开始位置与前面的图片末端对齐。

（20）在效果窗口中选择"视频切换"→"3D 运动"→"摆入"，添加到当前图片上与前面图片的连接处，保持默认参数，如图 2-71 所示。

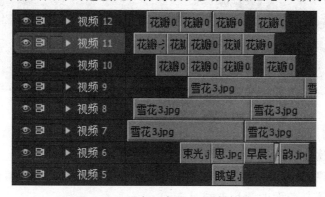

图 2-71　添加"摆入"视频特效

（21）在效果窗口中选择"视频切换"→"滑动"→"多重旋转"，添加到当前图片的末端。

（22）激活"视频 11"轨道，将该轨道中后两个图片序列同时选中，在后方复制 3 次，将"视频 9""视频 10""视频 12"轨道中的图片都在本轨道内向后复制。将"视频 10""花瓣 01"图片复制到"视频 12"中，将"视频 12""花瓣 02"图片复制到"视频 10"中。交换复制结果如图 2-72 所示。

图 2-72　交换复制

（23）将项目窗口"照片"文件夹中的"湖面"添加到"视频 6"轨道中，使其开始位置与前面的图片末端对齐。

（24）在效果窗口中选择"视频切换"→"滑动"→"多重旋转"，添加到"湖面"图片的开始位置。

（25）在效果窗口中选择"视频切换"→"滑动"→"斜插滑动"，添加到"湖面"图片的末端。

（26）激活"视频 12"轨道，将播放指针定位到 50：09 的位置，选择该轨道中前面的"花瓣 02"，向播放指针位置复制 2 次。激活"视频 10"轨道，将播放指针定位到 52：00 的位置，选择该轨道中前面的"花瓣 01"，向播放指针位置复制 2 次，如图 2-73 所示。

图 2-73　复制图片 2

（27）将"视频 7""视频 8"和"视频 9"轨道中的"雪花 3"图片继续向后复制 3 次，将它们的结束位置全部缩短到 1：50：20 位置。

（28）将项目窗口"照片"文件夹中的"静享"添加到"视频 6"轨道中，使其开始位置与前面的图片末端对齐。

（29）在效果窗口中选择"视频切换"→"滑动"→"推"，添加到"静享"照片的开始位置和末端。

（30）将项目窗口"照片"文件夹中的"山水间"添加到"视频 5"轨道中，使其开始位置与"视频 6"轨道中最后一张照片末端对齐。选择图片"山水间"，在特效控制台窗口中将"缩放比例"参数调整为 40，将"位置"参数设置为（496，193），如图 2-74 所示，效果如图 2-75 所示。

图 2-74　调整图片的位置和大小　　图 2-75　调整后的效果

（31）在效果窗口中选择"视频切换"→"滑动"→"滑动"，添加到"山水间"照片的开始位置和末端。

（32）选择图片上的开始位置特效部分，在特效控制台窗口中部分选中"反转"复选框，如图 2-76 所示。选择图片上的结束位置特效部分，同样在特效控制台窗口中部分选中"反转"复选框。

（33）将项目窗口"照片"文件夹中的"净"添加到"视频 6"轨道中，与前面的图片末端对齐，如图 2-77 所示。选择照片"净"，在特效控制台窗口中将"缩放比例"参数调整为 40，将"位置"参数设置为（242，389）。

图 2-76　选中"反转"复选框　　图 2-77　添加照片

（34）在效果窗口中选择"视频切换"→"滑动"→"滑动"，添加到"婚纱样片 08"图片的开始位置和末端，默认其参数，如图 2-78 所示。

（35）将项目窗口"照片"文件夹中的"环抱"添加到"视频 5"轨道中，与前面的图片末端对齐。调整照片大小，使照片充满整个屏幕。

（36）在效果窗口中选择"视频切换"→"卷页"→"中心剥落"，添加到当前图片的开始位置，如图 2-79 所示。

图 2-78　添加"滑动"转场特效

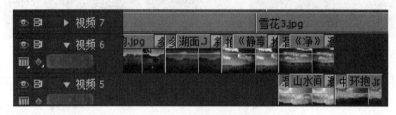

图 2-79　添加"中心剥落"转场特效

（37）将播放指针定位到 1：03：06 的位置，将项目窗口"照片"文件夹中的"飞翔"添加到"视频 6"轨道中，与播放指针对齐。

（38）在效果窗口中选择"视频切换"→"滑动"→"滑动带条"，添加到当前图片的开始位置和末端，如图 2-80 所示。

图 2-80　添加"滑动带条"转场特效

（39）激活"视频 11"轨道，将当前倒数第 2 短的一段图片向后复制，将该轨道第 1 个图片"花瓣-光晕 03"向后复制。

（40）激活"视频 12"轨道，按住<Shift>键，同时选择后 3 张图片，将之向后复制两 2 次。激活"视频 10"轨道，同样将后 3 张图片向后复制 2 次，如图 2-81 所示。

图 2-81　复制图片 3

（41）选择"视频 3"轨道中的"背景 1"，再次添加 5 个关键帧，时间分别为 30：09、36：00、1：00：09、1：32：24 和 1：48：28，设置对应的参数分别为-100°、-100°、-1×-140.0°、-220°和-111°，这样背景图像在整个视频播放期间的颜色变化将更为丰富。

（42）将项目窗口"照片"文件夹中的"一榭春池"添加到"视频 5"轨道中，与"视频 6"轨道中最后一张图片末端对齐。

（43）在效果窗口中选择"视频切换"→"3D 运动"→"旋转"，添加到当前图片的开始位置。选择"视频切换"→"3D 运动"→"筋斗过渡"，添加到当前图片的结束位置，如图 2-82 所示。

图 2-82　添加"筋斗过渡"转场特效

（44）激活"视频 11"轨道，按照图 2-83 所示结果，将前面两张向后复制。

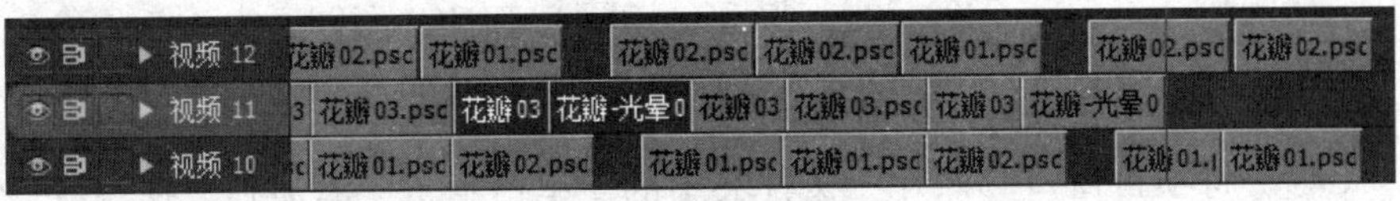

图 2-83　复制图片 4

（45）将项目窗口"照片"文件夹中的"一棹春风"添加到"视频 6"轨道中，与"视频 5"轨道中最后一张照片末端对齐。选择照片"一棹春风"，在特效控制台窗口中为"位置"和"缩放比例"参数各添加 4 个关键帧，具体参数设置如表 2-2 所示。

表 2-2　关键帧参数设置

时间参数 关键帧	1：15：05	1：16：09	1：19：22	1：21：04
位置	（20，20）	（360，288）	（360，288）	（720，576）
缩放比例（高、宽）	10、12	100、120	100、120	10、12

（46）激活"视频 11"轨道，按住<Shift>键，同时选择 2 张图片，将之向后复制，如图 2-84 所示。

（47）按照图 2-85 所示，按住<Shift>键的同时选择 3 个轨道中的图片，复制后激活"视频 10"轨道，粘贴复制的图片，与前面的图片末端对齐。

图 2-84　复制图片 5

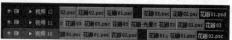

（a）复制前　　　　　　　　　　　　　　（b）复制后

图 2-85　复制图片 6

（48）将项目窗口"照片"文件夹中的"点缀"添加到"视频 5"轨道中，与"视频 6"轨道中最后一张图片末端对齐。选择照片"点缀"，在特效控制台窗口中为"位置"和"缩放比例"参数各添加 4 个关键帧，具体参数设置如表 2-3 所示。

▌　表 2-3　关键帧参数设置

关键帧 时间参数	1：21：06	1：22：00	1：25：23	1：27：05
位置	（720，20）	（360，288）	（360，288）	（0，576）
缩放比例（高、宽）	10、12	100、120	100、120	1、12

（49）将项目窗口"照片"文件夹中的"里格寨子"添加到"视频 5"轨道中，与前面图片的末端对齐。

（50）在效果窗口中选择"视频切换"→"划像"→"星形划像"，添加到当前照片的开始位置，如图 2-86 所示。

图 2-86　"星形划像"转场特效效果

5. 设计片尾字幕

利用一幅定格的照片并配合字幕文字，烘托出这个电子相册视频主题，表达美好祝愿，其中对照片要使用"颜色键"这个视频特效使之与背景融合。

（1）将项目窗口"照片"文件夹中的"泸沽旭日"添加到"视频 5"轨道中，与前面图片的末端对齐。

（2）将图片"泸沽旭日"的末端向后拖动，使之与"视频 4"中图片末端对齐，延长图片持续时间。

（3）在效果窗口中选择"视频切换"→"擦除"→"时钟擦除"，添加到当前图片与前面图片的连接处，如图 2-87 所示。在效果窗口中选择"视频特效"→"键"→"颜色键"，添加到"泸沽旭日"上。

图 2-87　添加"时钟擦除"转场特效

（4）在特效控制台窗口中展开"颜色键"参数，为"主要颜色"参数在 1：35：24 和 1：39：00 处添加 2 个关键帧，其对应参数为白色和 RGB（15，21，49），将"薄化边缘"设置为−5。

（5）为"颜色宽容度"参数在 1：35：24 和 1：37：09 处添加 2 个关键帧，其对应参数分别为 0 和 50。为"羽化边缘"参数在 1：35：24 和 1：37：09 处添加 2 个关键帧，其对应参数分别为 5 和 80，如图 2-88 所示。

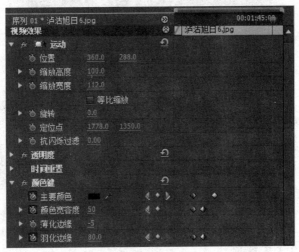

图 2-88　"颜色键"参数

（6）执行菜单命令"字幕"→"新建字幕"→"默认静态字幕"，在弹出的"新建字幕"对话框中输入字幕名称"片尾"，单击"确定"按钮。

（7）选择对话框左侧工具栏中的垂直文本按钮 T，在屏幕的左侧位置单击，输入文字"东方第一奇景，滇西北的一片净土"，将文字设置为中文的 HYTaiJiJ 和 HYLingXinJ。将当前字幕文字的"行距"和"字距"分别设置为 10 和 15，调整文字的行距和字距效果。分别选择其中各个文字，调整"字体尺寸"参数，各文字的尺寸设置如表 2-4 所示。在"字幕样式"中选择"方正金质大黑"样式，如图 2-89 所示。

表 2-4　字幕中各个文字的尺寸设置

文字	滇	西	北	的	一	片	净	土	东	方	第	一	奇	景
字号	53	30	45	40	40	35	38	45	50	50	50	50	45	60

图 2-89　选择字幕样式

（8）关闭字幕设置窗口，将时间线窗口中的播放指针定位到 01：38：13 的位置。

（9）将新建的字幕添加到"视频 6"轨道中，使其开始位置与播放指针对齐，使其结束位置与"视频 5"轨道中的图片末端对齐。

（10）在特效控制台窗口中展开"运动"选项，为"位置"参数在 1：38：13 和 1：40：21 处添加 2 个关键帧，其对应的参数分别为（82，288）和（360，288）。

（11）单击"视频 6"轨道左边的"折叠/展开轨道"按钮 ▶，展开"视频 6"轨道，在工具箱中选择"钢笔工具"，在 1：46：22 和 1：48：22 的位置上单击，加入 2 个关键帧。

（12）拖终点的关键帧到最低点位置上，这样素材就出现了淡出的效果。

（13）电子视频制作部分全部完成，此时，时间线的窗口设置如图 2-90 所示。

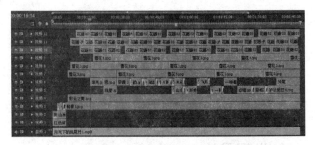

图 2-90　最终的"时间线"窗口设置

6. 影片输出

（1）执行菜单命令"文件"→"导出"→"媒体"，打开"导出设置"对话框。

（2）在右侧的"导出设置"中单击"格式"下拉列表框，选择"MPEG2"选项。

（3）单击"输出名称"后面的链接，打开"另存为"对话框，在对话框中设置保存的名称和位置，单击"保存"按钮。

（4）单击"预设"下拉列表框，选择"PAL DV 高品质"选项，如图 2-91所示，单击"导出"按钮。

（5）打开"编码序列 01"对话框，开始输出，如图 2-92所示。

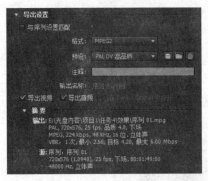

图 2-91　"导出设置"对话框

图 2-92　"编码序列 01"对话框

综合实训 3

实训 3.1 旅游纪录片中山古镇

实训情景设置

通过设置"运动"参数，调整素材，运用转场效果，为叠加素材制作运动效果，制作运动标题，为文字添加基本 3D 特效制作立体旋转效果，精确剪辑音频，输出影片，完成一个纪录片的制作。

阅读资料：美丽的中山古镇位于江津市南部山区，群山环抱，风景怡人。现将在中山古镇旅游、采风时拍摄的美丽风景的视频编辑、组合在一起，通过添加转场、制作叠加效果、添加标题字幕及音频等，制作出旅游、采风纪录影片永远珍藏。

本实训操作过程分别为导入素材、片头制作、配解说词、加入音乐、加入字幕、视频剪辑、片尾制作和输出 DVD 文件。

操作步骤

1. 导入素材

（1）启动 Premiere Pro CS5.5，打开"新建项目"对话框，在"名称"文本框中输入文件名，设置文件的保存位置，如图 3-1 所示，单击"确定"按钮。

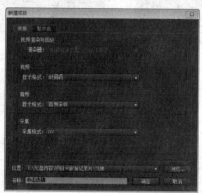

图 3-1 "新建项目"对话框

（2）打开"新建序列"对话框，在"序列预置"选项卡下选择"有效预置"模式为"DV-PAL"的"标准 48 kHz"选项，在"序列名称"文本框中输入序列名，如图 3-2 所示。

图 3-2　"新建序列"对话框

（3）单击"确定"按钮，进入 Premiere Pro CS5.5 的工作界面。

（4）按< Ctrl+I >组合键，打开"导入"对话框，选择本书配套教学素材"项目 4\旅游纪录片\素材"文件夹中的素材"中山古镇.mpg""背景.m2v""星光.m2v"和"花瓣雨.m2v"，如图 3-3 所示。

（5）单击"打开"按钮，将所选的素材导入到项目窗口中。

（6）在项目窗口双击"中山古镇"素材，将其在源监视器窗口中打开，如图 3-4 所示。

图 3-3　"导入"对话框

图 3-4　素材源窗口

2．片头制作

（1）执行菜单命令"序列"→"添加轨道"，打开"添加视音轨"对话框，在"视频轨"中输入3，添加3条视频轨道，如图3-5所示，单击"确定"按钮。

（2）在源监视器窗口选择入点11：30：08及出点11：34：20，将其拖到时间线的"视频6"轨道上，与起始位置对齐。

（3）将当前时间指针定位到0：13位置，在源监视器窗口选择入点5：45：00及出点5：49：01，将其拖到"视频5"轨道上，与当前时间指针对齐。

（4）将当前时间指针定位到1：00位置，在源监视器窗口选择入点7：31：22及出点7：35：10，将其拖到"视频4"轨道上，与当前时间指针对齐。

（5）将当前时间指针定位到1：13位置，在源监视器窗口选择入点6：32：12及出点6：35：12，将其拖到"视频3"轨道上，与当前时间指针对齐。

（6）将当前时间指针定位到2：00位置，在源监视器窗口选择入点7：42：08及出点7：44：21，将其拖到"视频2"轨道上，与当前时间指针对齐。

（7）将当前时间指针定位到2：13位置，在源监视器窗口选择入点8：56：21及出点8：58：21，将其拖到"视频1"轨道上，与当前时间指针对齐，如图3-6所示。

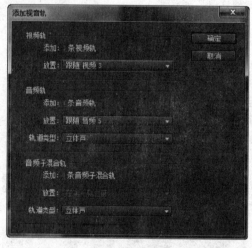

图3-5　添加视音轨

图3-6　片段在"时间线"窗口的排列

（8）选择"视频6"轨道的片段，在特效控制台窗口中展开"运动"属性，为"等比缩放"参数在0 s和4 s处添加2个关键帧，其对应的参数分别为（22.8%，22.8%）和（44.4%，43.1%），"位置"参数设置为（262，198），如图3-7所示。

（9）在效果窗口中选择"视频特效"→"风格化"→"边缘粗糙"，添加到"视频 6"轨道的片段上，在特效控制台窗口中展开"边缘粗糙"，将"边缘类型"设置为颜色粗糙化，"边缘颜色"为白色，"边框"为 117，"复杂度"为 7，其余参数默认不变，如图 3-8 所示。

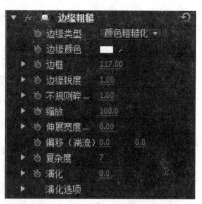

图 3-7　"运动"参数设置 1　　　　图 3-8　"边缘粗糙"特效设置 1

（10）在效果窗口中选择"视频特效"→"模糊与锐化"→"高斯模糊"，添加到"视频 6"轨道的片段上。

（11）在特效控制台窗口中展开"高斯模糊"参数，为"模糊度"参数在 0 s 和 3 s 处添加 2 个关键帧，其对应参数分别为 10 和 0，如图 3-9 所示。

（12）选择"视频 5"轨道的片段，在特效控制台窗口中展开"运动"属性，为"缩放"参数在 0：13 和 4 s 处添加 2 个关键帧，其对应的参数分别为（24.4%，20.8%）、（39.8%，35.4%），"位置"参数设置为（486，415）。

图 3-9　"高斯模糊"特效设置 1

（13）在效果窗口中选择"视频特效"→"风格化"→"边缘粗糙"，添加到"视频 5"轨道的片段上，在特效控制台窗口中展开"边缘粗糙"，将"边缘类型"设置为颜色粗糙化，"边缘颜色"为红色，"边框"为 98，其余参数默认不变。

（14）在效果窗口中选择"视频特效"→"模糊与锐化"→"高斯模糊"，添加到"视频 5"轨道的片段上。

（15）为"模糊度"参数在 0：13 和 4 s 处添加 2 个关键帧，其对应参数分别为 35 和 5。

（16）选择"视频 4"轨道的片段，在特效控制台窗口中展开"运动"属性，为"缩放"参数在 1 s 和 4 s 处添加 2 个关键帧，其对应参数分别为（24.4%，19.4%）、（30.6%，23.6%），"位置"参数设置为（180，442）。

（17）在效果窗口中选择"视频特效"→"风格化"→"边缘粗糙"，添加到"视频 4"轨道的片段上，在特效控制台窗口中展开"边缘粗糙"，将"边缘类型"设置为颜色粗糙化，"边缘颜色"为黄色，"边框"为 204，"偏移"为（-33，540），其余参数默认不变。

（18）在效果窗口中选择"视频特效"→"模糊与锐化"→"高斯模糊"，添加到"视频 4"轨道的片段上。

（19）为"模糊度"参数在 1 s 和 4 s 处添加 2 个关键帧，其对应的参数为 40 和 8。

（20）选择"视频 3"轨道的片段，在特效控制台窗口中展开"运动"属性，为"缩放"参数在 1：13 和 4 s 处添加 2 个关键帧，其对应参数分别为（12.8%，9.7%）、（23.9%，18.8%），"位置"参数设置为（606，236）。

（21）在效果窗口中选择"视频特效"→"风格化"→"边缘粗糙"，添加到"视频 3"轨道的片段上，在特效控制台窗口中展开"边缘粗糙"，将"边缘类型"设置为颜色粗糙化，"边缘颜色"为 D909D2，"边框"为 207，其余参数默认不变。

（22）在效果窗口中选择"视频特效"→"模糊与锐化"→"高斯模糊"，添加到"视频 3"轨道的片段上。

（23）为"模糊度"参数在 1：13 和 4 s 处添加 2 个关键帧，其对应参数为 40 和 8。

（24）选择"视频 2"轨道的片段，在特效控制台窗口中展开"运动"属性，为"缩放"参数在 2 s 和 4 s 处添加 2 个关键帧，其对应参数分别为（18.9%，16.7%）、（33.3%，26.4%），"位置"参数设置为（470，130）。

（25）在效果窗口中选择"视频特效"→"风格化"→"边缘粗糙"，添加到"视频 2"轨道的片段上，在特效控制台窗口中展开"边缘粗糙"，将"边缘类型"设置为颜色粗糙化，"边缘颜色"为 199 900，"边框"为 208，其余参数默认不变。

（26）在效果窗口中选择"视频特效"→"模糊与锐化"→"高斯模糊"，添加到"视频 2"轨道的片段上。

（27）为"模糊度"参数在 2 s 和 4 s 处添加 2 个关键帧，其对应参数分别为 45 和 10。

（28）选择"视频1"轨道的片段，在特效控制台窗口中展开"运动"属性，为"缩放"参数在2:13和4 s处添加2个关键帧，其对应参数设置为（15.6%，11.1%）、（22.8%，18.8%），"位置"参数设置为（114，96）。

（29）在效果窗口中选择"视频特效"→"风格化"→"边缘粗糙"，添加到"视频1"轨道的片段上，在特效控制台窗口中展开"边缘粗糙"，将"边缘类型"设置为颜色粗糙化，"边缘颜色"为蓝色，"边框"为150，其余参数为默认。

（30）在效果窗口中选择"视频特效"→"模糊与锐化"→"高斯模糊"，添加到"视频1"轨道的片段上。

（31）为"模糊度"参数在2：13和4 s处添加2个关键帧，其对应参数分别为50和15。

（32）执行菜单命令"文件"→"新建"→"序列"，打开"新建序列"对话框，在"序列名称"中输入序列名称，选择视音频轨道，如图3-10所示，单击"确定"按钮。

图3-10　"新建序列"对话框

（33）将项目窗口中的"背景"添加到"序列02"的"视频1"轨道中，使起始位置与0对齐。

（34）用鼠标右键单击"背景"片段，从弹出的快捷菜单中选择"素材速度/持续时间"菜单项，打开"素材速度/持续时间"对话框，将"持续时间"调整为 9：20，单击"确定"按钮。

（35）在效果窗口中选择"视频特效"→"色彩校正"→"色彩平衡"，添加到当前的片段上。

（36）在特效控制台窗口中展开"色彩平衡"参数，将"阴影红色平衡"设置为 67.3，"阴影绿色平衡"设置为-69.9，"阴影蓝色平衡"设置为-100，"中间调绿平衡"设置为 14.4，"中间调蓝平衡"设置为-33.3。

（37）在效果窗口中选择"视频特效"→"色彩校正"→"亮度与对比度"，添加到当前的片段上。

（38）在特效控制台窗口中展开"亮度与对比度"参数，将"亮度"设置为-13，"对比度"设置为 7。

（39）在效果窗口中选择"视频特效"→"模糊与锐化"→"高斯模糊"，添加到当前的片段上。

（40）在特效控制台窗口中展开"高斯模糊"参数，将"模糊度"设置为 16。

（41）将项目窗口中的"星光"添加到"视频 2"轨道中，使起始位置与 0 对齐，在 8：05 位置设置淡出。

（42）将项目窗口中的"花瓣雨"添加到"视频 2"轨道中，使起始位置与"星光"的末端对齐，持续时间为 5：15，在 10 s 至 10：20 设置淡入、在 14：17 至 15：13 设置淡出。

（43）在效果窗口中选择"视频特效"→"键"→"亮度键"，添加到"星光"和"花瓣雨"片段上。

（44）将当前时间指针定位到 0：14 的位置，将项目窗口中的"序列 01"添加到"视频 3"轨道中，使起始位置与当前时间指针对齐，如图 3-11 所示。

图 3-11　时间线窗口

（45）启动 Photoshop，执行菜单命令"文件"→"新建"，打开"新建"对话框，设置"宽度×高度"为 720×576，"分辨率"为 72，"颜色模式"为

RGB 颜色，"背景内容"为透明，如图 3-12 所示。单击"确定"按钮。

图 3-12 "新建"对话框

（46）执行菜单命令"编辑"→"填充"，打开"填充"对话框，在"使用"下拉菜单中选择"前景色（黑色）"，单击"确定"按钮。

（47）在工具栏中选择"椭圆框选工具"，在图像窗口画一个椭圆，椭圆的位置与要键出的人物或物体的位置相同。

（48）用鼠标右键单击虚框边缘，从弹出的快捷菜单中选择"羽化"菜单项，打开"羽化选区"对话框，在"羽化半径"文本输入框中输入 20，使要键出图像的边缘柔和，单击"确定"按钮。

（49）执行菜单命令"编辑"→"填充"，打开"填充"对话框，在"使用"下拉菜单中选择"背景色（白色）"，单击"确定"按钮。最后的蒙版图像如图 3-13 所示，保存为"遮罩 1.jpg"文件，退出 Photoshop。

图 3-13 蒙版图像

（50）按< Ctrl+I >组合键，打开"导入"对话框，在该对话框中选择需要导入的素材"遮罩"，单击"确定"按钮。

（51）在源监视器窗口选择入点 5：51：08 及出点 5：54：02，将其拖到时间线的"视频 4"轨道的 5：04 位置上，用鼠标右键单击此片段，从弹出的快捷菜单中选择"速度/持续时间"菜单项，打开"素材速度/持续时间"对话框，将"持续时间"设置为 4：18，单击"确定"按钮。

（52）将项目窗口的"遮罩 1"添加到"视频 5"轨道中，起始位置在 5：04，"持续时间"设置为 4：18，如图 3-14 所示。

图 3-14　添加片段

（53）在效果窗口中选择"视频特效"→"键"→"轨道遮罩键"，添加到"视频 4"轨道的片段上。

（54）在特效控制窗口中展开"轨道遮罩键"参数，将"遮罩"设置为视频 5，"合成方式"为 Luma 遮罩，如图 3-15 所示。

图 3-15　轨道蒙版键

（55）为"位置"参数在 6：06 和 8：16 处添加 2 个关键帧，其对应参数分别为（360，288）和（85，288），使键出的图像水平向左移动。

（56）为"透明度"参数在 5：19、6：06、8：16 和 9：04 处添加 4 个关键帧，其对应参数分别为 100%、0、0 和 100%，如图 3-16 所示，这样片段在中间位置就会产生透明的效果。

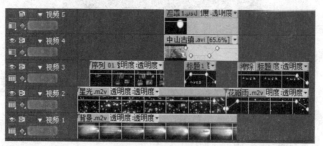

图 3-16　设置"透明度"参数

（57）执行菜单命令"字幕"→"新建字幕"→"默认静态字幕"，打开"新建字幕"对话框，在"名称"文本框内输入"标题 1"后，单击"确定"按钮。

（58）在屏幕中下部位置单击，输入"旅游记录"4 个文字。

（59）当前默认为英文字体，单击上方水平工具栏中的 Courier ... ▼ 的小三角形，在弹出的快捷菜单中选择"经典粗黑简"。

（60）在"字幕样式"中，选择"方正金质大黑"样式，如图 3-17 所示。

图 3-17　选择样式

（61）关闭字幕设置窗口，将时间线窗口中的当前时间指针定位到 5：18 的位置。

（62）将"标题 1"字幕添加到"视频 3"轨道中，使其开始位置与当前时间指针对齐，"持续时间"设置为 3：12。

（63）为"标题 1"的"透明度"参数在 5：18、6：06、8：14 和 9：04 处添加 4 个关键帧，其对应参数分别为 0、100%、100%和 0，这样"标题 1"在中间位置就会显示在背景上，如图 3-18 所示。

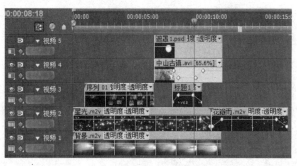

图 3-18　添加 4 个关键帧

（64）在效果窗口中选择"视频特效"→"透视"→"基本 3D"，添加到"视频 2"轨道的"标题 1"上。

（65）在特效控制台窗口中展开"基本 3D"选项，为"旋转"参数在 7：18 和 8：24 处添加 2 个关键帧，对应参数分别为 0、-45，如图 3-19 所示。

图 3-19　"基本 3D"特效效果

（66）在素材源监视器窗口选择素材入点 15：08 及出点 21：22，将其拖到时间线的"视频 1"轨道的 9：23 位置上。

（67）在效果窗口中选择"视频切换效果"→"叠化"→"附加叠化"，添加到当前片段与前一片段的中间位置。

（68）在效果窗口中选择"视频特效"→"模糊与锐化"→"高斯模糊"，添加到"视频 1"轨道的第 2 片段上。

（69）在特效控制台窗口中展开"高斯模糊"选项，为"模糊度"参数在 11：03 和 15 s 处添加 2 个关键帧，其对应参数分别为 0 和 50，使背景由清晰到模糊。

（70）为"视频 1"轨道第 2 片段的"透明度"参数在 15：09 和 15：23 处添加 2 个关键帧，其对应参数分别为 100 和 0，使背景实现淡出效果，如图 3-20 所示。

图 3-20　添加转场

（71）执行菜单命令"字幕"→"新建字幕"→"默认静态字幕"，打开"新建字幕"对话框，在"名称"文本框内输入"标题"后，单击"确定"按钮。

（72）在屏幕中部位置单击，输入"中山古镇" 4 个字。

（73）当前默认为英文字体，单击上方水平工具栏中的 Courier ... ▼ 的小三角形，在弹出的快捷菜单中选择"HYTaiJiJ"。

（74）在"字幕样式"中，选择"方正金质大黑"样式，如图 3-21 所示。

图 3-21　选择样式

（75）关闭字幕设置窗口，将时间线窗口中的当前时间指针定位到 9：22 的位置。

（76）将"标题"字幕添加到"视频 3"轨道中，使其开始位置与当前时间指针对齐，持续时间 4：19。

（77）在效果窗口中选择"视频切换效果"→"擦除"→"擦除"，添加到当前字幕的起始位置，如图 3-22 所示。

图 3-22　添加"标题"

（78）在效果窗口中选择"视频特效"→"扭曲"→"球面化"，添加到"视频 2"轨道的"标题"上。

（79）在特效控制台窗口中展开"球面化"选项，为"半径"参数在 10：21 和 12：09 处添加 2 个关键帧，其对应参数分别为 0 和 100。

（80）为"球体中心"参数在 12：09 和 14：16 处添加 2 个关键帧，其对应参数分别为（109，257）和（632，257），如图 3-23 所示，使文字在这段时间里产生变化。

（81）为"标题"的"透明度"参数在 14：18 和 15：13 处添加 2 个关键帧，其对应参数分别为 100 和 0，使标题文字实现淡出效果，如图 3-24 所示。

图 3-23　设置"球面化"参数

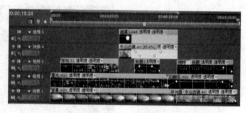

图 3-24　添加"旋转"特技

（82）执行菜单命令"文件"→"保存"，保存项目文件，旅游纪录片的片头部分制作完成。

3．配解说词

电视纪录片解说词要注意解说与节目内容的贴切性，以及与其他电视表现手段的相融性，画面、音乐、效果、字幕和解说词应组合为有机的整体。要处理好解说词与画面的关系，不必重复画面已展示的东西，要说明画面没有或不可能说明的问题。考虑到电视观众需要时间来消化、吸收、回味画面提供的信息，解说词要有较多的停顿和间歇。为确保解说与画面相配，可把解说词单独录下来，然后再与画面组合。

（1）执行菜单命令"文件"→"新建"→"序列"，打开"新建序列"对话框，在"序列名称"中输入序列名称，选择视音频轨道，单击"确定"按钮。

（2）将当前时间指针定位到 0 的位置，将项目窗口中的"序列 02"添

图 3-25　添加序列

加到"视频 1"轨道中，使起始位置与当前时间指针对齐，如图 3-25 所示。

（3）双击项目窗口，打开"导入"对话框，选择"录音"音频文件，单击"打开"按钮。

（4）在项目窗口选择"录音"，将其拖到素材源监视器窗口。

（5）在源监视器窗口中按照声画对位编辑原则，依次设置音频素材的入出点，添加到时间线的"音频 1"轨道中。具体设置如表 3-1 所示，音频素材的排列如图 3-26 所示。

表 3-1　设置音频片段

音频片段序号	入　点	出　点	起　始　位　置
片段 1	0	18：06	19：02
片段 2	31：16	42：15	51：03
片段 3	44：08	51：14	与前一片段对齐
片段 4	53：07	1：00：10	1：10：24
片段 5	1：02：00	1：10：08	与前一片段对齐
片段 6	1：10：12	1：16：03	与前一片段对齐
片段 7	1：26：23	1：36：13	1：52：05
片段 8	1：47：13	1：52：20	与前一片段对齐
片段 9	1：53：13	1：58：15	与前一片段对齐
片段 10	1：59：08	2：02：14	与前一片段对齐
片段 11	2：03：01	2：07：09	与前一片段对齐
片段 12	2：08：07	2：11：16	与前一片段对齐
片段 13	2：12：07	2：17：24	与前一片段对齐
片段 14	2：34：05	2：38：23	与前一片段对齐
片段 15	2：40：18	2：48：10	2：35：08
片段 16	3：09：11	3：15：16	与前一片段对齐
片段 17	3：25：05	3：42：14	3：10：16
片段 18	3：43：12	3：47：05	与前一片段对齐
片段 19	3：50：08	4：07：02	3：41：03
片段 20	4：07：24	4：15：23	与前一片段对齐
片段 21	4：29：04	4：38：09	与前一片段对齐
片段 22	4：42：11	4：53：22	4：23：07
片段 23	4：58：12	5：21：10	与前一片段对齐
片段 24	5：24：16	5：28：13	与前一片段对齐

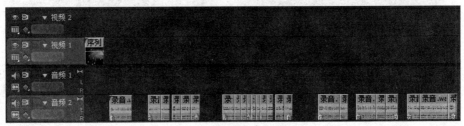

图 3-26　添加解说词

4．加入音乐

（1）双击项目窗口，打开"导入"对话框，按住< Ctrl >键，选择"溜冰圆舞曲"和"蓝色多瑙河"，单击"打开"按钮。

（2）在项目窗口将"溜冰圆舞曲"拖到素材源监视器窗口，在3：21：21设置入点，在3：37：20设置出点。

（3）将当前时间指针定位在0位置，选择"音频1"轨道，单击素材源监视器窗口的"覆盖"按钮，加入片头音乐。

（4）单击"音频1"轨道左边的"折叠/展开轨道"▶按钮，展开"音频1"轨道，在工具箱中选择"钢笔工具"，在0和2：00的位置上单击，加入2个关键帧。

（5）拖起始点的关键帧到最低点位置上，实现音频的淡入效果。

（6）在项目窗口将"蓝色多瑙河"拖到源监视器窗口，在3：20设置入点，把4：52：12设置为出点。

（7）将当前时间指针定位在15 s位置，单击源监视器窗口的"覆盖"按钮，添加正片音乐。

（8）工具箱中选择"钢笔工具"，在15 s和17：08的位置上单击，加入2个关键帧。

（9）拖起始点的关键帧到最低点位置上，这样素材就出现了淡入的效果。

（10）用鼠标右键单击新添加的音乐，从弹出的快捷菜单中选择"素材速度/持续时间"菜单项，打开"素材速度/持续时间"对话框，将"持续时间"设置为 5：00：05，如图3-27所示，单击"确定"按钮。

图3-27 "素材速度/持续时间"
对话框

（11）适当提高解说词的音量，降低背景音乐的音量，使背景音乐低于解说词的音量，如图3-28所示。

图3-28 背景音乐的排列位置

5．加入字幕

"中山古镇，地处江津市南部山区，距重庆市区 125 公里，与国家级风景名胜区四面山一脉相连。古镇背山临水，场镇建筑靠水而建。"

"古镇商铺建筑最具代表性，依山势形成的商街纵向长一千多米，层层递进，其风雨场的过街建筑几乎都是能遮风避雨不见天日的'封闭式'建筑，建筑多为两层'吊脚楼'，下层为铺面，楼上可住人；整座古镇全系青色瓦片盖顶，红漆木板竹篾夹墙，圆柱承重，古朴凝重中透出原汁原味的巴渝人家风韵。"

"古镇的民间传统的经营业态如铁匠铺、中药铺、剃头铺等依然存在。此刻，春天的暖阳斜照着射进狭窄的老街，给灰暗黝黑的街面一隅镀上一抹金黄，古镇顿时有了勃勃生机。踏着块块黛青石板铺就的老街，在弯弯拐拐的石梯小巷穿行，穿场而过的风中不时弥漫着阵阵草药的清香，烘托出古镇风韵独有的安居乐业图。古镇依河而建，两旁以清朝建筑为主，保存得非常完好，加上地面的青石板路，给人一种古老和谐的感觉。"

"中山古镇是端庄质朴的民居古庄园、古寨、古堡、古寺庙、古桥、古墩等古建筑的集中地，以枣子坪庄园、龙坝庄园为代表的古庄园九处，以双峰寺为代表的古寺庙十余处。"

"枣子坪庄园，始建于清朝末年，距老街八百五十米，占地四千平方米，土木结构，配有花厅、天井、鱼缸、花台、戏楼等；妙用花厅将左右厢房内既连接又把整个庄园形成封闭的空间。花厅、窗棂全为深浅木质浮雕或镂空雕，图案多具故事情节或古装古戏。"

"双峰寺，位于中山镇双峰寺村驻地，大约建于唐代，清康熙、道光年相继维修，为我市现在少有的保护完好的复式四合院寺庙。正殿为土木结构，硬山式顶，并施以弓形翘角风火墙。据寺内碑刻记载曾拥有武僧 500 人，曾与江津朱杨寺构成江津两大古寺庙，在朱杨寺毁后而独自存在。"

图 3-29　记事本

将解说词分段复制到记事本中，并对其进行编排，如图 3-29 所示。编排完毕，单击"退出"按钮，保存文件名为"解说词文字"，用于解说词字幕的歌词。

在 Premiere Pro CS5.5 中，将编辑好的节目的音频输出，输出格式为 mp3，输出文件名为"配音输出"，用于解说词字幕的音乐。

（1）在桌面上双击"Sayatoo 卡拉字幕精灵"图标，启动 KaraTitleMaker 字幕设计窗口。

（2）打开"KaraTitleMaker"对话框，用鼠标右键单击项目窗口的空白处，从弹出的快捷菜单中选择"导入歌词"菜单项，打开"导入歌词"对话框，选择"解说词文字"文件，单击"打开"按钮，导入解说词。

（3）执行菜单命令"文件"→"导入音乐"，打开"导入音乐"对话框，选择音频文件"配音输出"，单击"打开"按钮，如图 3-30 所示。

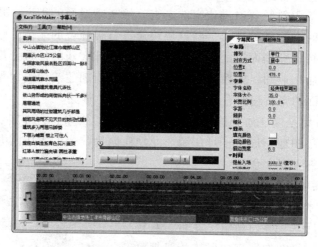

图 3-30　卡拉字幕制作

（4）单击第一句歌词，让其在窗口上显示。在字幕属性中设置"排列"为单行，"对齐方式"为居中，"字体名称"为经典粗黑简，"字体大小"为 32，"填充颜色"为白色，"描边颜色"为黑色，"描边宽度"为 6，在模板特效中，去掉"指示灯"的勾选。

（5）单击控制台上的"录制歌词"按钮，打开"歌词录制设置"对话框，选择"逐行录制"单选按钮，如图 3-31 所示。

（6）单击"开始录制"按钮，开始录制歌词。使用键盘获取解说词的时间信息，解说词一行开始按下键盘的任意键，结束时松开键；下一行开始又按下任意键，结束时松开键，周而复始，直至完成。

（7）歌词录制完成后，在时间线窗口上会显示出所有录制歌词的时间位置。还可以直接用鼠标修改歌词的开始时间和结束时间，或者移动歌词的位置。

（8）执行菜单命令"文件"→"保存项目"，打开"保存项目"对话框，在"文件名称"文本框内输入名称"字幕",单击"保存"按钮。

（9）执行菜单命令"工具"→"生成虚拟字幕 AVI 视频",打开"生成虚拟字幕 AVI 视频"对话框,单击"输入字幕项目 kaj 文件"右边的"浏览"按钮,打开"打开"对话框,选择"输出字幕"文件,单击"确定"按钮,"图像大小"为 720×576,如图 3-32 所示。

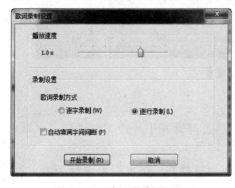 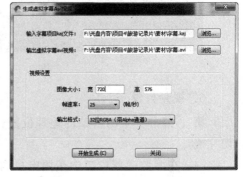

图 3-31 歌词录制设置 　　　　图 3-32 生成虚拟字幕 AVI 视频

（10）单击"开始生成"按钮,生成虚拟字幕 AVI 视频后,打开"vavigen"对话框,虚拟 AVI 视频生成完成,单击"确定"→"关闭"按钮,字幕制作完毕。

（12）在"KaraTitleMaker"窗口,单击"关闭"按钮。

（13）在 Premiere Pro CS5.5 中,按<Ctrl +I>组合键,导入"字幕"和"配音输出"文件。

（14）将"字幕"文件从项目窗口中拖动到"视频 3"轨道上,与配音的开始位置对齐,如图 3-33 所示。

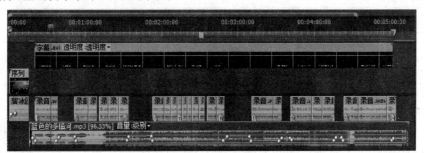

图 3-33 添加字幕

（15）将"配音输出"文件从项目窗口中拖动到"音频 1"轨道上,替换原来的配音文件,如图 3-34 所示。

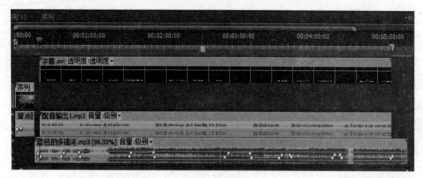

图 3-34 替换配音

6. 视频剪辑

第 1 部分：中山古镇的地理位置，通过剪辑若干片段与解说词、字幕贴切完成。

（1）在源监视器窗口中按照电视画面编辑技巧，依次设置素材的入出点，添加到时间线的"视频 1"轨道中，与前一片段对齐。具体设置如表 3-2 所示，列出了在"视频 1"轨道的位置。

表 3-2　设置视频片段

视频片段序号	入　　点	出　　点
片段 1	54：11	59：03
片段 2	3：07	7：11
片段 3	15：01	21：1
片段 4	29：23	34：18
片段 5	40：09	42：12
片段 6	50：09	52：11
片段 7	1：11：00	1：14：11
片段 8	1：07：03	1：10：23

（2）选择片段 1，在特效控制台窗口中展开"透明度"参数，为"透明度"参数添加 2 个关键帧，时间分别为 15：00 和 17：16，对应参数分别为 0 和 100，加入淡入效果，如图 3-35 所示。

（3）执行菜单命令"文件"→"保存"，保存项目文件，正片的第 1 部分制作完成。

图 3-35　添加多个片段

第 2 部分：中山古镇的古建筑布局，通过剪辑若干片段与解说词、字幕贴切完成。

（4）在源监视器窗口中按照电视画面编辑技巧，依次设置素材的入出点，添加到时间线的"视频 1"轨道中，与片段 8 的末端对齐。具体设置如表 3-3 所示。

表 3-3　设置视频片段

视频片段序号	入　　点	出　　点
片段 9	1：24：17	1：30：23
片段 10	3：48：05	3：51：16
片段 11	3：53：08	3：56：07
片段 12	4：07：08	4：09：23
片段 13	4：12：24	4：16：09
片段 14	3：09：02	3：13：18
片段 15	37：06	44：12
片段 16	11：10	14：21
片段 17	2：44：07	2：48：13
片段 18	1：46：08	1：50：01
片段 19	4：01：24	4：06：07
片段 20	1：51：16	1：54：06
片段 21	1：18：04	1：23：07
片段 22	5：39：24	5：45：06
片段 23	5：54：11	5：57：16

（5）在效果窗口中选择"视频切换"→"卷页"→"卷页"，添加到片段

8 与片段 9 之间，起到场景转换作用，如图 3-36 所示。

图 3-36　添加特技 1

（6）执行菜单命令"文件"→"保存"，保存项目文件，正片的第 2 部分制作完成。

第 3 部分：中山古镇民间传统的经营业态，通过剪辑若干片段与解说词、字幕贴切完成。

（7）在源监视器窗口中按照电视画面编辑技巧，依次设置素材的入出点，添加到时间线的"视频 1"轨道中，与片段 23 的末端对齐。具体设置如表 3-4 所示。

表 3-4　设置视频片段

视频片段序号	入　　　点	出　　　点
片段 24	2：16：18	2：22：10
片段 25	3：19：04	3：22：19
片段 26	3：25：08	3：31：11
片段 27	2：07：22	2：13：15
片段 28	1：38：12	1：42：11
片段 29	2：37：12	2：47：03
片段 30	1：42：02	1：45：08
片段 31	3：32：17	3：37：23
片段 32	1：24：14	1：27：23
片段 33	4：10：00	4：15：07
片段 34	1：32：04	1：38：08
片段 35	4：17：14	4：25：22
片段 36	4：51：12	4：55：17
片段 37	5：01：14	5：04：11
片段 38	4：28：03	4：33：06

（8）在效果窗口中选择"视频切换"→"卷页"→"中心划像"，添加到片段 23 与片段 24 之间，起到场景转换作用。

（9）在效果窗口中选择"视频切换"→"滑动"→"多旋转"，添加到当前场景的片段 37 与片段 38 之间，起到掩盖片段跳变转换作用，如图 3-37 所示。

图 3-37　添加特技 2

（10）执行菜单命令"文件"→"保存"，保存项目文件，正片的第 3 部分制作完成。

第 4 部分：中山古镇周围古庄园、古寺庙大致情况，通过剪辑若干片段与解说词、字幕贴切完成。

（11）在源监视器窗口中按照电视画面编辑技巧，依次设置素材的入出点，添加到时间线的"视频 1"轨道中，与片段 38 的末端对齐。具体设置如表 3-5 所示。

表 3-5　设置视频片段

视频片段序号	入　　点	出　　点
片段 39	9：44：24	9：50：22
片段 40	11：46：10	11：49：13
片段 41	5：58：04	6：02：08
片段 42	10：23：04	10：28：00
片段 43	6：58：11	7：00：23
片段 44	7：02：00	7：05：15
片段 45	59：19	1：03：10

（12）在效果窗口中选择"视频切换"→"滑动"→"拆分"，添加到当前场景的片段 38 与片段 39 之间，起到场景转换作用。

（13）执行菜单命令"文件"→"保存"，保存项目文件，正片的第 4 部分制作完成。

第 5 部分：中山古镇周围古庄园——枣子坪庄园大致情况，通过剪辑若干片段、制作解说词字幕等完成。

（14）在源监视器窗口中按照电视画面编辑技巧，依次设置素材的入出点，添加到时间线的"视频 1"轨道中，与片段 45 的末端对齐。具体设置如表 3-6 所示。

表 3-6　设置视频片段

视频片段序号	入　　点	出　　点
片段 46	10：19：23	10：26：19
片段 47	10：30：17	10：34：02
片段 48	11：15：14	11：18：07
片段 49	10：48：16	10：51：23
片段 50	11：03：14	11：05：18
片段 51	10：57：13	10：59：24
片段 52	11：12：08	11：15：01
片段 53	11：31：00	11：35：13
片段 54	11：26：21	11：30：06
片段 55	10：50：17	10：56：00
片段 56	10：42：01	10：44：12
片段 57	8：11：22	8：14：17

（15）在效果窗口中选择"视频切换效果"→"滑动"→"带状滑动"，添加到片段 45 与片段 46 之间，起到场景转换作用。

（16）执行菜单命令"文件"→"保存"，保存项目文件，正片的第 5 部分制作完成。

第 6 部分：中山古镇周围古寺庙——双峰寺大致情况，通过剪辑若干片段与解说词、字幕贴切完成。

（17）在源监视器窗口中按照视频编辑原则，依次设置素材的入出点，添加到时间线的"视频 1"轨道中，与片段 57 的末端对齐。具体设置如表 3-7 所示。

表 3-7　设置视频片段

视频片段序号	入　　　点	出　　　点
片段 58	8：01：02	8：04：06
片段 59	6：57：22	7：01：09
片段 60	7：18：06	7：21：21
片段 61	7：27：20	7：33：15
片段 62	7：10：17	7：17：15
片段 63	7：45：08	7：47：21
片段 64	7：36：17	7：44：17
片段 65	7：48：05	7：57：02
片段 66	0	3：05
片段 67	8：03	18：00

（18）在效果窗口中选择"视频切换"→"划像"→"星形划像"，添加到当前场景的片段 58 与场景三的片段 59 之间，起到场景转换作用，如图 3-38 所示。

图 3-38　添加特技 5

（19）执行菜单命令"文件"→"保存"，保存项目文件，正片的第 6 部分制作完成。

7. 片尾制作

根据滚动的方向不同，滚动字幕分为纵向滚动（Rolling）字幕和横向滚动（Crawling）字幕。本例介绍横向滚动字幕的制作。

（1）执行菜单命令"字幕"→"新建字幕"→"默认游动字幕"，在"新建字幕"对话框中输入字幕名称"片尾"，单击"确定"按钮，打开字幕窗口。

（2）选择"垂直文字工具"T按钮，设置"字体"为 FZXingkai，"字体大小"为 45，输入演职人员名单，从左到右逐列输入，输入一列后，用鼠标单击合适的位置再输入，如图3-39所示。

（3）输入完垂直文字后，用鼠标单击字幕设计窗口的右边，拖动滑动条，再单击，再拖动滑动条，将垂直文字向左移到，移到屏幕外为止，选择"文字工具" ，字体设置为 FZShuiZhu，字体大小为70，单击字幕设计窗口，输入单位名称及日期，如图3-40所示。

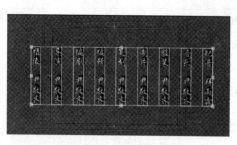

图3-39 输入文字

图3-40 输入单位名称及日期

使用对齐与分布的命令或手动将字幕中的各个元素放置到合适的位置。此时，应显示安全区域，以检测滚动字幕的位置是否合理。

（4）执行菜单命令"字幕"→"滚动/游动选项"或单击字幕窗口上方的"滚动/游动选项"按钮，打开"滚动/游动选项"对话框，在对话框中勾选"开始于屏幕外"，使字幕从屏幕外滚动进入，设置完毕后，单击"确定"按钮即可，如图3-41所示。

（5）关闭字幕设置窗口，在时间线窗口中将当前时间指针定位到5：04：08的位置。

（6）将"片尾"字幕添加到"视频2"轨道中，使其开始位置与当前时间指针对齐，持续时间12：00，如图3-42所示。

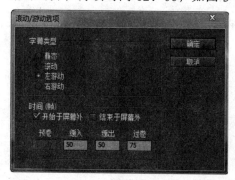

图3-41 滚动字幕设置

图3-42 添加字幕

8．输出 mp4 文件

（1）执行菜单命令"文件"→"导出"→"媒体"，打开"导出设置"对话框。

（2）在右侧的"导出设置"中单击"格式"下拉列表框，选择"H.264"选项。

（3）单击"输出名称"后面的链接，打开"另存为"对话框，在对话框中设置保存的名称和位置，单击"保存"按钮。

（4）单击"预置"下拉列表框，选择"PAL DV 高品质"选项，准备输出高品质的 PAL 制 mp4 视频，如图 3-43 所示；单击"导出"按钮，开始输出，如图 3-44 所示。

图 3-43　输出设置

图 3-44　输出影片

实训 3.2　电视栏目剧片段的编辑

《贫困生柳红》剧本片段（陈静）

校园路上　夜

空旷的马路上，路灯昏黄，树影晃动，柳红提着大包小包的行李，艰难地走着。她有些胆怯地前后左右看了看，马路上空无一人，柳红稍微加快了脚步。突然一声女人的尖叫，（紧张的音乐）一个人影快速地从柳红身边跑过，柳红手中的包被撞掉在地上，柳红正在俯身去捡，身后突然冲出一个女孩子，女孩子被地上的包绊倒，摔在地上。柳红疑惑地看着她。女孩焦急地看着前方，挣扎着想爬起来。

女孩：（慌乱地）小偷，小偷！快！我的手机！

柳红：（赶紧去扶女孩）……

女孩挣扎着起来，顾不得手边的行李就要冲出去，柳红追上她，硬是把她拉住，要把行李递给她。

柳红：同学，东西掉落了……

女孩焦急地看着前方，小偷快速地跑，马上要不见影了，柳红仍然拉着她，要把行李给她。她无奈地挣扎着，眼看着小偷的身影没入黑夜里，女孩挫败的，气得直跺脚。她用力甩开柳红的手，恶狠狠地瞪着她。

女孩：你要做啥子？我手机遭抢了，你拉倒我做啥子？

柳红被吼得愣住了，疑惑地、怯怯地看着女孩。女孩狠狠瞪了柳红一眼，气愤地抢过行李往前走。

女孩：（抱怨的）飞机晚点，手机遭抢，还遇到个神经病……

女孩又怨愤地瞪了柳红一眼，泄愤地拍了拍身上的灰，扭头走了。

柳红怯怯地看着女孩的背影，又看了看小偷跑走的方向，内心很愧疚。

女生寝室　夜

门被大力推开，按开关的声音，房里大亮，空旷的四人间学生寝室呈现在眼前。之前被抢手机的女孩周婷提着行李走进来。她打量了一下四周的环境，选了一张桌子，放下行李，打开行李箱收拾东西。突然，门边悄悄弹出一只手抓住门框，周婷感觉不对劲，疑惑地回头看，看见一个人影快速地缩回门后。周婷吓一跳，怯怯地向门口走去。周婷站在门内仔细听了听，不敢走出去。

周婷：（怯怯的）哪个？

没回应，周婷想了想，鼓足勇气走出，看见柳红提着行李低头站在门边。

周婷：（疑惑的，生气的）是你？你跟踪我？

柳红：（低头，支支吾吾）我，我……你住那里？

周婷上下去打量柳红，柳红一身乡土打扮，衣服有些旧了，行李包也旧旧的、脏脏的，周婷皱眉看着她。

周婷：（手叉腰）是！难道……你也住那里？

柳红：（看了看她，点头）嗯，你好，我叫柳红……

周婷有些惊讶，表情稍缓和，她又打量着柳红，想了想让到一边，让柳红进门。柳红提着行李，怯怯地走进寝室。

周婷：你哪个也半夜到？

柳红：（支支吾吾）火车到得晚，不晓得怎么坐车，转了几趟才找到。

周婷：（看了看床位）好像还有一个同学没来……

柳红：（观察周婷）你……你的手机真的遭抢了？是不是该报警啊？

周婷：（冷哼一声）算了，人早就跑了，到哪里去找嘛，再换个新的咯……

柳红：（愧疚的）对不起，都是因为我……

周婷：（挥挥手，打断她）算了，没什么。

周婷转身继续收拾行李，不再看柳红，柳红无奈地看了看她。

实训情景设置

电视栏目剧制作首先是剧本的创作，其次是素材的拍摄，最后是编辑。编辑过程包括片头的制作，视频、音频素材的剪辑，加入音乐和台词字幕及输出影片等过程。

本实例操作过程分为导入素材、片头制作、正片制作、片尾制作、加入音乐、输出 mpg2 文件。

操作步骤

1. 导入素材

（1）启动 Premiere Pro CS5.5，打开"新建项目"对话框，在"名称"文本框中输入文件名"贫困生柳红"，设置文件的保存位置，如图 3-45 所示，单击"确定"按钮。

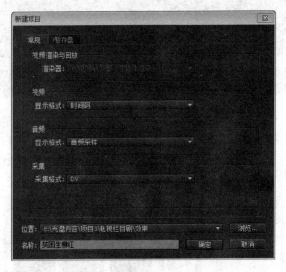

图 3-45 "新建项目"对话框

（2）打开"新建序列"对话框，在"序列预置"选项卡下选择"有效预置"模式为"DV-PAL"的"标准 48 kHz"选项，在"序列名称"文本框中输入序列名，如图 3-46 所示。

（3）单击"确定"按钮，进入 Premiere Pro CS5.5 的工作界面。

（4）单击项目窗口下的"新建文件夹"按钮，新建两个文件夹，分别取名为"视频"和"音频"。

图 3-46　"新建序列"对话框

（5）分别选择"视频"和"音频"文件夹，按< Ctrl+I >组合键，打开"导入"对话框，在该对话框中选择本书配套教学素材"项目 4\电视栏目剧\素材\视频、音频"文件夹中的视频及音频素材，如图 3-47 所示。

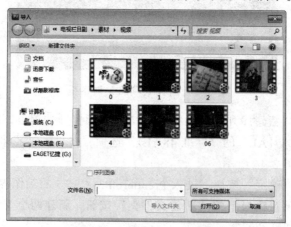

图 3-47　"导入"对话框

（6）单击"打开"按钮，将所选的素材导入到项目窗口中。

（7）在项目窗口分别双击"0~6"视频素材，将其在源监视器窗口中打开。

2．片头制作

（1）在源监视器窗口选择视频"0"，按住"仅拖动视频"按钮，将电视栏目剧《雾都夜话》片头拖到时间线的"视频 1"轨道上，与起始位置对齐。

（2）从项目窗口的"音频"文件夹中选择"雾都夜话片头音乐"拖到"音频 1"轨道上，如图 3-48 所示。

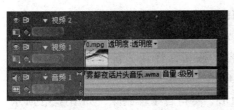

图 3-48　加入片头　　　　　图 3-49　输入文字

（3）在源监视器窗口中选择"1.mpg"素材，确定入点为 8：14，出点为 25：13，将其拖到时间线窗口，并与前一片段的末尾对齐。

（4）执行菜单命令"字幕"→"新建字幕"→"默认静态字幕"，打开"新建字幕"对话框，在"名称"文本框内输入"标题 1"，"时基"设置为 25，单击"确定"按钮。

（5）在屏幕上位置单击，输入"贫困生柳红"5 个字。

（6）当前默认为英文字体，单击上方水平工具栏中的 经典行... ▼ 的小三角形，在弹出的快捷菜单中选择"经典行楷简"，"字体大小"为 80。

（7）在"字幕样式"中，选择"Hobostd Slant Gold 80"样式，"倾斜"为 0，如图 3-49 所示。

（8）单击"基于当前字幕新建字幕"按钮，打开"新建字幕"对话框，在"名称"文本框内输入"标题 2"，单击"确定"按钮。

（9）在"字幕样式"中，选择"Hobostd Slant Gold 80"样式，"字体"为经典行楷简，"倾斜"为 0，"填充颜色"为白色，如图 3-50 所示。

（10）单击"基于当前字幕新建字幕"按钮，打开"新建字幕"对话框，在"名称"文本框内输入"标题 3"，单击"确定"按钮。

图 3-50 改变文字样式　　　　　　　　　图 3-51 拼音字幕位置

（11）删除"贫困生柳红"字幕，并在其下方输入"Pin kun sheng liu hong"，字体为"Arial"。

（12）在"字幕样式"中，选择"Hobostd Slant Gold 80"样式，"倾斜"为 0，"字体大小"为 50，如图 3-51 所示。

（13）单击"基于当前字幕新建字幕"按钮，打开"新建字幕"对话框，在"名称"文本框内输入"遮罩 01"，单击"确定"按钮。

（14）在屏幕上绘制一个白色倾斜矩形，将拼音字幕删除，如图 3-52 所示。

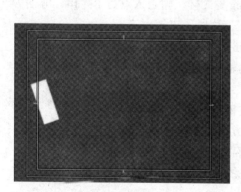

图 3-52 遮罩　　　　　　　　　　　图 3-53 "添加视音轨"对话框

（15）关闭字幕设置窗口，在时间线窗口中将当前时间指针定位到 43：03 位置。

（16）将"标题 01"字幕添加到"视频 2"轨道中，使其开始位置与当前时间指针对齐，长度为 10 s。

（17）将"标题 02"字幕添加到"视频 3"轨道中，使其开始位置与当前时间指针对齐。

（18）将"标题 03"字幕添加到"视频 3"轨道中，使其开始位置与"标题 2"末尾对齐。

（19）用鼠标右键单击"视频 3"轨道处，从弹出的快捷菜单中选择"添加轨道"菜单项，打开"添加视音轨"对话框，设置添加 1 条视频轨道，如图 3-53 所示，单击"确定"按钮。

（20）在时间线窗口中将当前时间指针定位到 45 s 位置，将"遮罩"添加到"视频 4"轨道上，使其开始位置与当前时间指针对齐，结束位置与"标题 2"的结束位置对齐，如图 3-54 所示。

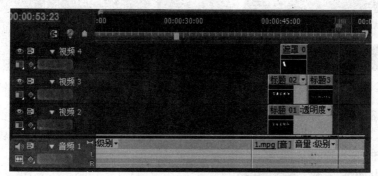

图 3-54　添加遮罩

（21）在效果窗口中选择"视频切换"→"擦除"→"擦除"，添加到"标题 1"字幕的起始位置。

（22）双击"擦除"特技，在特效控制台窗口展开"擦除"特技选项，设置"持续时间"为 2 s，如图 3-55 所示，使标题逐步显现。

（23）选择"视频 4"轨道上的"遮罩"，在特效控制台窗口展开"运动"选项，将当前时间指针定位到 45：00 位置，单击"位置"左边的"切换动画"按钮，加入关键帧。

（24）将当前时间指针定位到 49 s 位置，选择"运动"选项，在节目监视器窗口将"遮罩"拖到字幕的右边，如图 3-56 所示。

图 3-55　设置"持续时间"

（25）在效果窗口中选择"视频特效"→"键"→"轨道遮罩键"，添加到"标题 2"字幕上。

（26）在特效控制台窗口展开"轨道遮罩键"特效，设置"遮罩"为"视频4"，合成方式为"Luma 遮罩"，如图 3-57 所示。

（27）在效果窗口中选择"视频切换"→"滑动"→"滑动"，添加到"标题3"字幕的起始位置。

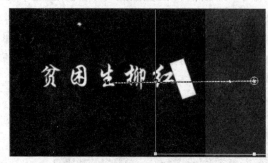

图 3-56　将"遮罩"拖到字幕的右边

图 3-57　轨道遮罩键

（28）双击"滑动"特技，在特效控制台窗口展开"滑动"特技，设置"持续时间"为 2 s，"滑动方向"为从南到北，如图 3-58 所示，使标题从下逐步滑出。时间线窗口如图 3-59 所示。

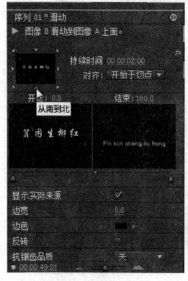

图 3-58　滑动参数设置

图 3-59　片段的排列

3．正片制作

对于人物对白的剪辑，根据对白内容和戏剧动作的不同，可以有平行剪辑和交错剪辑两种方法。对白的平行剪辑是指上一个镜头对白和画面同时同位切出或下一个镜头对白和画面同时同位切入，因而显得平稳、严肃而庄重，但稍嫌呆板，应用于人物空间距离较大、人物对话交流语气比较平稳、情绪节奏比较缓慢的对白剪辑。对白的交错剪辑是指上一个镜头对白和画面不同时同位切出，或下一个镜头对白和画面不同时同位切入，而将上一个镜头里的对白延续到下一个镜头人物动作上来，从而加强上下镜头的呼应，使人物的对话显得生动、活泼、明快流畅。应用于人物空间距离较小、人物对话情绪交流紧密、语言节奏较快的对白剪辑。

1）编辑视频

（1）执行菜单命令"文件"→"新建"→"序列"，打开"新建序列"对话框，在"序列名称"中输入序列名称，选择视音频轨道，单击"确定"按钮。

（2）将当前时间指针定位到 0 的位置，将"项目"窗口中的"序列 01"添加到"视频 1"轨道中，使起始位置与当前时间指针对齐，如图 3-60 所示。

图 3-60　添加"序列 01"

（3）在源监视器窗口中按照电视画面编辑技巧，依次设置素材的入出点，添加到时间线的"视频 1"轨道中，与前一片段对齐，具体设置如表 3-8 所示。

表 3-8　设置视频片段

视频片段序号	素材来源	入　点	出　点
片段 1	6.mpg	02：01	04：22
片段 2	1.mpg	31：11	34：24
片段 3	6.mpg	06：18	07：14
片段 4	1.mpg	36：02	38：00
片段 5	1.mpg	45：12	48：09
片段 6	1.mpg	49：09	53：15
片段 7	1.mpg	54：23	59：13
片段 8	1.mpg	1：49：15	1：55：03

续表

视频片段序号	素材来源	入　点	出　点
片段 9	1.mpg	2：10：20	2：12：14
片段 10	4.mpg	6：05	18：10
片段 11	5.mpg	11：03	18：14
片段 12	4.mpg	25：23	44：21
片段 13	2.mpg	51：15	1：19：01
片段 14	3.mpg	00：24	03：08
片段 15	2.mpg	1：25：01	1：27：06
片段 16	2.mpg	3：02：03	3：04：21
片段 17	2.mpg	1：48：07	1：50：01
片段 18	2.mpg	3：59：06	4：02：00
片段 19	2.mpg	3：10：00	3：13：05
片段 20	2.mpg	4：05：02	4：11：08
片段 21	2.mpg	3：21：02	3：24：15
片段 22	2.mpg	4：52：05	4：54：19
片段 23	2.mpg	5：18：11	5：22：15
片段 24	2.mpg	6：43：08	6：49：13
片段 25	2.mpg	5：55：12	6：00：08
片段 26	2.mpg	6：54：09	6：55：14
片段 27	2.mpg	6：05：21	6：07：21
片段 28	2.mpg	6：57：10	7：01：04
片段 29	2.mpg	7：01：04	7：03：18
片段 30	2.mpg	6：15：06	6：17：07
片段 31	2.mpg	7：06：20	7：12：17

（4）选择片段 12，在特效控制台窗口中展开"透明度"参数，为"透明度"参数在 2：01：20 和 2：03：21 处添加 2 个关键帧，其对应的参数为 100 和 0，加入淡出效果。

（5）选择片段 13，在特效控制台窗口中展开"透明度"参数，为"透明度"参数在 2：04：07 和 2：05：21 处添加 2 个关键帧，其对应参数为 0 和 100，加入淡入效果，如图 3-61 所示。

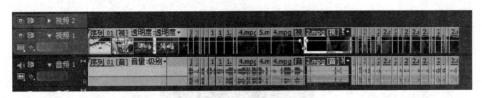

图 3-61　添加多个片段

2）对白字幕的制作

本例解说词如下：

"喂，小心一点噻。""东西落了，快，帮我抓住他，抢东西了，站住，站住。""喂，同学，东西落了。""站住，站住，站住。""站住，站住，抢东西了，快，站住。""喂，东西掉了。""站住，站住，我的包包，站住，不要跑""站住，站住，等等，我的包包、手机。你的包包""你的包包落了""哎呀，哎，你要啥子。你的包包""我的包包被抢了，你抓住我干啥子？""我的手机、钱包全部在那里头。""飞机晚点，手机被抢，还遇到个神经病。""哪个？是你，你跟踪我吗？""你住这里？是噻，你难道也住这里？""嗯，我叫柳红。""你怎么半夜到？""火车到得晚，转了几趟才找到。""好像还有一个同学没来。嗯，你的手机真的被抢了？""那你报警了吗？算了，人早就跑了，到哪里去找嘛？""只有再买个新的了。对不起，都是因为我。""算了，算了，没得啥子。"

　　将解说词分段复制到记事本中，并对其进行编排，编排完毕，单击"退出"按钮，保存文件名为"对白文字"，用于解说词字幕的歌词。

　　在 Premiere Pro CS5.5 中，将编辑好的节目的音频输出，输出格式为 mp3，输出文件名为"配音输出"，用于解说词字幕的音乐。

　　（1）在桌面上双击"Sayatoo 卡拉字幕精灵"图标，启动 KaraTitleMaker字幕设计窗口。

　　（2）再打开"KaraTitleMaker"对话框，用鼠标右键单击项目窗口的空白处，从弹出的快捷菜单中选择"导入歌词"菜单项，打开"导入歌词"对话框，选择"解说词文字"文件，单击"打开"按钮，导入解说词。

　　（3）执行菜单命令"文件"→"导入音乐"，打开"导入音乐"对话框，选择音频文件"配音输出"，单击"打开"按钮，如图 3-62 所示。

　　（4）单击第一句歌词，让其在窗口上显示。在字幕属性中设置"排列"为单行，"对齐方式"为居中，"字体名称"为经典粗黑简，"字体大小"为 32，"填充颜色"为白色，"描边颜色"为黑色，"描边宽度"为 6，在模板特效中，去掉"指示灯"的勾选。

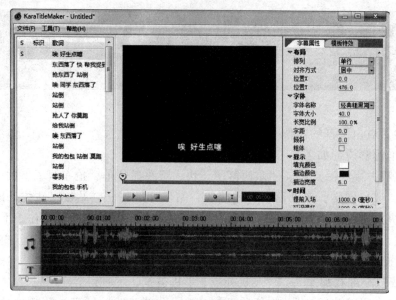

图 3-62　卡拉字幕制作

（5）单击控制台上的"录制歌词"按钮，打开"歌词录制设置"对话框，选择"逐行录制"单选按钮，如图 3-63 所示。

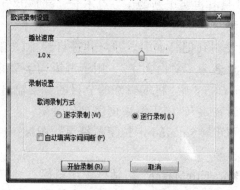

图 3-63　歌词录制设置

（6）单击"开始录制"按钮，开始录制歌词。使用键盘获取解说词的时间信息，解说词一行开始按下键盘的任意键，结束时松开键；下一行开始又按下任意键，结束时松开键，周而复始，直至完成。

（7）歌词录制完成后，在时间线窗口上会显示出所有录制歌词的时间位置。还可以直接用鼠标修改歌词的开始时间和结束时间，或者移动歌词的位置。

（8）执行菜单命令"文件"→"保存项目"，打开"保存项目"对话框，在"文件名称"文本框内输入名称"字幕"，单击"保存"按钮。

（9）执行菜单命令"工具"→"生成虚拟字幕 AVI 视频"，打开"生成虚拟字幕 AVI 视频"对话框，单击"输入字幕项目 kaj 文件"右边的"浏览"按钮，打开"打开"对话框，选择"输出字幕"文件，单击"确定"按钮，"图像大小"为 720×576，如图 3-64 所示。

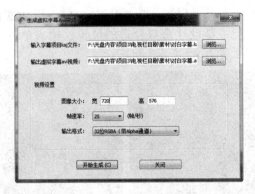

图 3-64　生成虚拟字幕 AVI 视频

（10）单击"开始生成"按钮，生成虚拟字幕 AVI 视频后，打开"vavigen"对话框，虚拟 AVI 视频生成完成，单击"确定"→"关闭"按钮，字幕制作完毕。

（11）在"KaraTitleMaker"窗口，单击"关闭"按钮。

（12）在 Premiere Pro CS5.5 中，按<Ctrl +I>组合键，导入"对白字幕"和"配音输出"文件。

（13）将"字幕"文件从项目窗口中拖动到"视频 3"轨道上，与配音的开始位置对齐，如图 3-65 所示。

图 3-65　对白字幕的位置

（14）执行菜单命令"文件"→"保存"，保存项目文件，正片的制作完成。

4．片尾制作

（1）执行菜单命令"字幕"→"新建字幕"→"默认滚动字幕"，在"新建字幕"对话框中输入字幕名称，单击"确定"按钮，打开字幕窗口，自动设置为纵向滚动字幕。

（2）使用文字工具输入演职人员名单，插入赞助商的标志，输入其他相关内容，"字体"选择"经典粗宋简"，字号为45。

（3）在"字幕属性"中，设置"描边"选择为"外侧边"，其"类型"为"边缘"，"大小"为35，"色彩"为"黑色"，如图3-66所示。

（4）输入完演职人员名单后，按< Enter >键，拖动垂直滑块，将文字上移出屏幕为止。单击字幕设计窗口合适的位置，输入单位名称及日期，字号为41，其余同上，如图3-67所示。

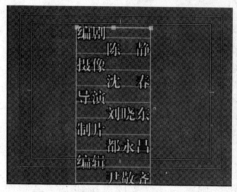

图 3-66　输入演职人员名单　　　　图 3-67　输入单位名称及日期

（5）执行菜单命令"字幕"→"滚动/游动选项"或单击字幕窗口上方的"滚动/游动选项"▉按钮，打开"滚动/游动选项"对话框。在对话框中勾选"开始于屏幕外"，使字幕从屏幕外滚动进入。设置完毕后，单击"确定"按钮即可，如图3-68所示。

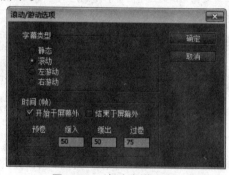

图 3-68　滚动字幕设置

（6）关闭字幕设置窗口，将当前时间指针定位到3：33：11位置，拖放"片尾"到时间线窗口"视频2"轨道上的相应位置，使其开始位置与当前时间指针对齐，持续时间设置为12 s。

（7）将画面的最后一帧输出为单帧，将时间线拖动到需要输出帧的位置处，如图 3-69 所示。

（a） （b）

图 3-69　单帧位置及画面

（8）执行菜单命令"文件"→"导出"→"媒体"，打开"导出设置"对话框，在"格式"下拉列表中选择"Targa"，"预置"下拉列表中选择"PAL Targa"，设置好"输出名称"选项，如图 3-70 所示，单击"确定"按钮。

（9）打开"输出单帧"对话框，如图 3-71 所示，在"文件名"文本框内输入文件名后，单击"保存"按钮，导出单帧文件。

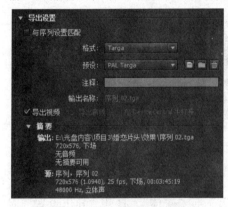

图 3-70　"导出设置"对话框　　　　图 3-71　"输出单帧"对话框

（10）将单帧文件导入到项目窗口，将其拖到"视频 1"轨道上，与"片尾"对齐，如图 3-72 所示。

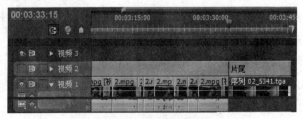

图 3-72　单帧的位置

5.加入音乐

（1）在项目窗口将"003.mp3"拖到源监视器窗口，在 23：06 设置入点，将 1：02：14 设置为出点。

（2）将当前时间指针定位在 54：09 位置，选择"音频 2"轨道，单击素材源监视器窗口的"覆盖"按钮，加入片头音乐。

（3）单击"音频 2"轨道左边的"折叠/展开轨道" ▶ 按钮，展开"音频 2"轨道，在工具箱中选择"钢笔工具"，在 54：09、56：09、1：31：17 和 1：33：17 的位置上单击，加入 4 个关键帧。

（4）拖起、始点的关键帧到最低点位置上，这样素材就出现了淡入淡出的效果。

（5）在项目窗口将"01.mp3"拖到源监视器窗口，在 45：15 设置入点，将 1：00：01 设置为出点。

（6）将当前时间指针定位在 3：31：07 位置，单击源监视器窗口的"覆盖"按钮，添加片尾音乐，如图 3-73 所示。

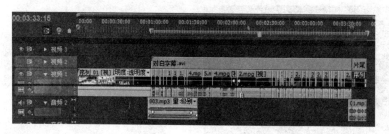

图 3-73　添加音乐

6.输出 mpg2 文件

（1）执行菜单命令"文件"→"导出"→"媒体"，打开"导出设置"对话框。

（2）在右侧的"导出设置"中单击"格式"下拉列表框，选择"MPEG2"选项。

（3）单击"输出名称"后面的链接，打开"另存为"对话框，在对话框中设置保存的名称和位置，单击"保存"按钮。

（4）单击"预置"下拉列表框，选择"PAL DV 高品质"选项，准备输出高品质的 PAL 制 mpg2 视频，如图 3-74 所示。单击"导出"按钮，开始输出，如图 3-75 所示。

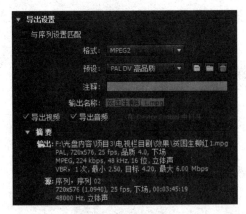

图 3-74　输出设置

图 3-75　渲染影片

参考文献

[1] 尹敬齐. Adobe Premiere Pro CS3 影视制作[M]. 北京：机械工业出版社，2009.

[2] 古城. Premiere Pro CC 实例教程[M]. 北京：人民邮电出版社，2015.

[3] 龚茜如. Premiere Pro CS4 影视编辑标准教程[M]. 北京：中国电力出版社，2009.

[4] 刘强. Adobe Premiere Pro 2.0[M]. 北京：人民邮电出版社

[5] 于鹏. Premiere Pro 2.0 范例导航[M]. 北京：清华大学出版社，2007.